"江苏园博三十六景"人文画卷

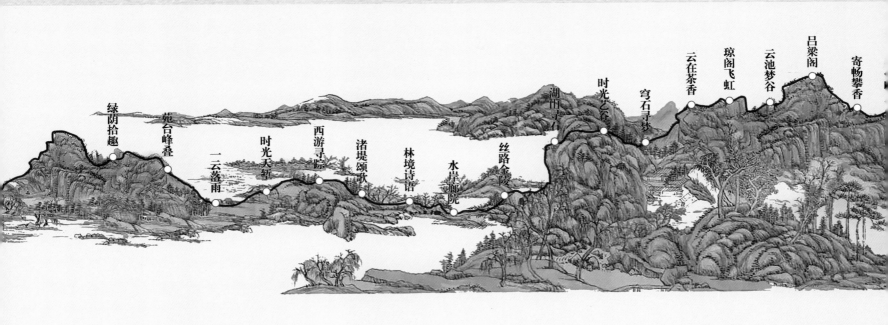

绿阴拾趣　苑台峰叠　一云落雨　时光天轩　西游寻踪　渚堤颂歌　林境诗语　水岸廊院　丝路金陵　湖山吉石　时光之谷　穹石寻秋　云在茶香　琼阁飞虹　云池梦谷　吕梁阁　寄畅攀香

园 博 图 鉴
新时代江苏园博精品

日涉观英（泰州园·11届）

松台吟歌（宿迁园·11届）

苑台峰叠（13届）

吕梁阁（13届）

一云落雨（国际馆·13届）

时光艺谷（主展馆·11届）

湖山寻石（地质科普馆·11届）

琼阁飞虹（主展馆·10届）

水岸廊院（苏州非遗博物馆·9届）

清趣园（13届）

岩秀园（13届）

云池梦谷（未来花园·11届）

时光天堑（西平门入口广场·11届）

穹石寻梦（浮石地宫·11届）

石谷探幽（崖畔花谷·11届）

绿荫拾趣（童乐园·10届）

琼华仙玑（园冶园·10届）

石林小苑（假山园·9届）

华林寻芳（南京园·11届）

丝路金陵（南京园·12届）

江南丝韵（无锡园·12届）

寄畅攀香（无锡园·11届）

梁台晓月（徐州园·13届）

流云山色（常州园·9届）

幽然居（苏州园·13届）

云在茶香（苏州园·12届）

沧浪问水（苏州园·11届）

小筑春深（苏州园·9届）

林境诗语（南通园·9届）

西游寻踪（连云港园·12届）

清晏唱晚（淮安园·11届）

月湖乡韵（盐城园·9届）

春台明月（扬州园·13届）

九峰生烟（扬州园·11届）

月桥广陵（扬州园·10届）

渚堤颂歌（镇江园·8届）

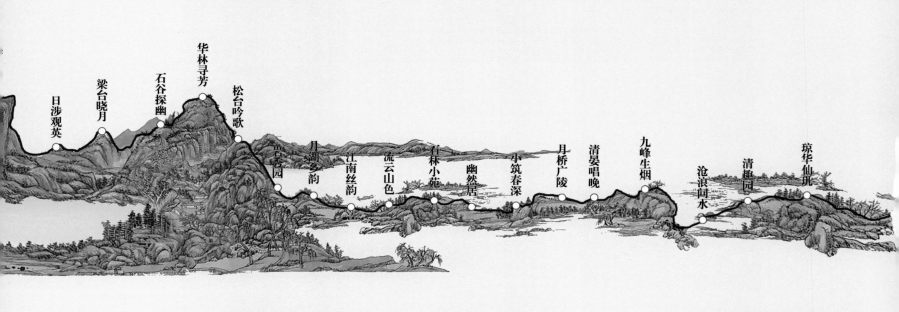

日涉观英　梁台晓月　石谷探幽　华林寻芳　松台吟歌　一岩秀园　月湖乡韵　江南丝韵　流云山色　石林小苑　幽然居　小筑春深　月桥广陵　清晏唱晚　九峰生烟　沧浪问水　清趣园　琼华仙玑

园 博 图 鉴
新 时 代 江 苏 园 博 精 品

江苏省住房和城乡建设厅　编著

中国建筑工业出版社

图书在版编目（CIP）数据

园博图鉴：新时代江苏园博精品 / 江苏省住房和城
乡建设厅编著 . —北京：中国建筑工业出版社，2023.5
ISBN 978-7-112-28702-4

Ⅰ.①园…　Ⅱ.①江…　Ⅲ.①园林—博览会—建筑设
计—研究—江苏　Ⅳ.①TU242.5

中国国家版本馆 CIP 数据核字（2023）第 081544 号

责任编辑：宋　凯　张智芊
责任校对：李辰馨

园博图鉴——新时代江苏园博精品

江苏省住房和城乡建设厅　编著

*

中国建筑工业出版社出版、发行（北京海淀三里河路 9 号）

各地新华书店、建筑书店经销

华之逸品书装设计制版

北京富诚彩色印刷有限公司印刷

*

开本：787 毫米×1092 毫米　1/12　印张：25⅔　插页：1　字数：444 千字

2023 年 6 月第一版　　2023 年 6 月第一次印刷

定价：198.00 元

ISBN 978-7-112-28702-4

（41151）

PREFACE
序言

千百年来，人类一直在探寻城市与自然的有机结合之道。《管子·五行》强调人类要遵循自然规律，"人与天调，然后天地之美生"。马克思指出"人是自然界的一部分"，恩格斯的自然辩证法也强调"人与自然辩证统一"。不论是东方的诗意思考，或者是西方的理性探求，都体现了城市发展与自然环境"哺育"相关并相辅相成。20世纪初，英国城市学家霍华德针对大城市发展面临的问题提出了"田园城市"的主张，把城市看作与自然生态系统共生的生命有机体。进入21世纪，从联合国环境署《城市环境协定——绿色城市宣言》，到联合国《2030可持续发展议程》和《新城市议程》，重申了全球永续城市发展承诺。从古至今，推动城市空间与自然环境之间的相融是塑造理想人居环境的典型范式，象天法地、因地制宜、顺势而为，从"自然中的城市"走向"城市中的自然"是城市发展的必然趋势。

党的二十大报告指出"以中国式现代化全面推进中华民族伟大复兴"，"物质文明和精神文明相协调的现代化""人与自然和谐共生的现代化"都是中国式现代化的重要组成部分；强调要"传承中华优秀传统文化，满足人民日益增长的精神文化需求""推动绿色发展，促进人与自然的和谐共生"。当前，面对全球气候变化、极端天气、生态危机、经济转型等多元挑战，站在人与自然和谐共生的高度，推动城市绿色创新发展，是实现高质量发展和中国式现代化的重要举措。

"虽由人作，宛自天开"，园林正是在古人的生态智慧和历史的文化积淀中不断探寻与传承，方寸之地尽显自然之妙，体现着中国人"天人合一"的生活态度和世界观，也承载着中华传统营建智慧和"匠人"精神。"时宜得致，古式何裁"，面对新时代新形势新任务，在当代城市园林建设中，如何把握好自然系统和人类活动的关系，营造当代"望得见山，看得见水，记得住乡愁"的理想人居环境，从而推动绿色发展，促进人与自然和谐共生，是需要我们共同回答的时代之问。

江苏作为中国人心目中理想人居地的重要代表，孕育和发展了独领风骚、各具特色的江南园林。拙政园、留园等十处古典园林列入了"世界文化遗产"名录，成为人类共享的文化遗产和艺术珍品。一直以来，江苏致力于探索人居环境改善之道，经过持续努力和实践，获得了全国最多的联合国人居环境奖和中国人居环境奖，保有了全国最多的国家级历史文化名城和中国历史文化名镇，率先实现了国家园林城市设区市全覆盖，国家生态园林城市数量全国最多。

自2000年以来，江苏在全国开创省级园博会办会先河，始终坚持传承传统园林文化精粹，探索实践当代园林建设的新路径。站在新时代和新起点，回顾江苏园博20多年的不平凡历程，每一届园博会的筹办，都是一次探索、创新、拓展和融合，传播新理念，探索新思路，体现并记录着时代精神和文化追求，是人与自然和谐共生的生动实践，为人民群众塑造了当代的"桃花源"。《园博图鉴——新时代江苏园博精品》汇集了新时代以来有代表性的精品项目，汇聚了造园技艺与智慧，是对江苏园博20多年发展过程的总结与思考，更是对江苏园林文化时代传承与创新的思想启迪和行动激励。希望通过本书，能进一步激发人民群众对"人与自然"关系的认识，对美好人居环境的关注和追求，更好凝聚社会共识；希望"江苏园博"在新发展阶段赓续前行、精彩永续，推动高质量发展，服务高品质生活；期待未来有更多具有当代美学特质和时代人文精神的园林精品问世，并成为明天的文化景观、大众的精神家园。

中国工程院院士

2023 年 4 月于南京

FOREWORD
前言

"我们应该追求人与自然和谐。山峦层林尽染，平原蓝绿交融，城乡鸟语花香。这样的自然美景，既带给人们美的享受，也是人类走向未来的依托。"

——2019年4月28日，习近平在中国北京世界园艺博览会开幕式上的讲话

中国园林历史悠久，虽由人作，宛自天开，是几千年中华文化的瑰宝。每个中国人心中，都有一座"桃花源"。不出城郭而获山林之怡，身居闹市而得林泉之趣。园林是城市中"诗与远方"凝练复合的理想空间，可行、可赏、可游、可居，是百姓身边的绿色公共空间，连接自然和文化、传统和当代、艺术和生活，塑造高品质公共空间，服务人民美好生活。

江苏自古人文荟萃，素有"人间天堂"美誉，是理想人居之地，也是古典园林的高地。从古典园林，到面向大众的现代开放园林，江苏从未停下追求美好家园的脚步。进入新世纪，江苏省园艺博览会应时而生，由江苏省人民政府主办，省住房和城乡建设厅、省农业农村厅和承办城市人民政府共同承办，其他12个设区市协办。二十余载春秋变迁、匠心积淀，江苏园博在传承中发展，在探索中创新，从城市公园改造利用到城市主题公园联动，从推动风景区环境综合治理到节约型园林绿化建设示范，从促进城市滨湖、滨江空间开发利用到融合城乡旅游产业新功能，内涵日益丰富，模式日益多元。园博会塑造了人民群众向往的美好空间，传承了园林文化艺术精粹，推动了江苏园林绿化高质量发展，成为贯彻新发展理念、推动城市绿色发展和生态文明建设的重要抓手和品牌。

自2000年以来，江苏已成功举办十二届省园博会，并先后举办了第一

届中国（南京）绿化博览会、2021年扬州世界园艺博览会和第十三届中国（徐州）国际园林博览会等国家级、世界级博览会，汇集当代园林园艺精品，传承发展江南园林精神。每一届园博会都有鲜明的时代性，回应新理念、新要求，顺应时代发展；每一届都有典型的本土性，体现在地特征，延续地域文脉；每一届都有良好的互动性，强调与区域发展、产业发展的联动，与社会和大众的交互。

为深入贯彻落实党的二十大精神，落实习近平总书记强调的传统文化精神的当代延续和时代表达，进一步放大园博效益，传播园林文化，我厅组织开展了历届园博精品项目的地方推荐和专家遴选，经现场踏勘后确定了36项新时代江苏园博精品项目，汇集编撰《园博图鉴——新时代江苏园博精品》（以下简称《园博图鉴》）。在此基础上，我厅联合紫金奖大学生设计展组委会，由中国美术学院牵头，开设了"江苏园林文化传承与当代表达——江苏园博三十六景"人文画卷工作营，以当代艺术媒介和形式对36项园博精品项目进行创意转化和艺术创作，生动展示园博成果和园林艺术精粹。

《园博图鉴》回溯了江苏园博的缘起和背景，并以发展历程和时代脉络为主线，梳理、总结了每一届的办会特色和经验。重点以新时代园博会城市展园、场馆建筑和公共景观为主要类型，整理、甄选了不同时期的36项代表性精品项目，对项目概况、设计思路、亮点特色等展示解析，图文并茂呈现项目从设计到建设的匠心巧思，以及在园林文化传承和当代创新、绿色城乡建设转型实践等方面的探索与创新，以期促进行业和社会交流，提升大众审美和认知，促进实践创新创优，更好的服务城市高质量发展和人民高品质生活，推动建设人与自然和谐共生、物质文明与精神文明相协调的中国式现代化。

江苏省住房和城乡建设厅

2023年4月

园 博 图 鉴

新 时 代 江 苏 园 博 精 品

CONTENTS
目录

竞相绽放·城市展园

02

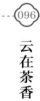
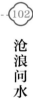

画龙点睛 · 场馆建筑

曲尽其妙 · 公共景观

(168)

03

松台吟歌

(176)

苑台峰叠

(184)

吕梁阁

(192)

一云落雨

(200)

时光艺谷

(208)

湖山寻石

(216)

琼阁飞虹

(224)

水岸廊院

04

01

一路芬芳

园 博 总 览

1 园博缘起

1.1 世界的潮流：百年历史中的园博会

1759年，英国奥古斯塔王妃在邱地创建了皇家植物园邱园（Kew Gardens）。1840年，邱园被移交给国家管理并逐步对公众开放，目前园内设有26个专业花园和6个温室园，有标本馆、经济植物博物馆和实验室，这里如今收录的鲜活植物和真菌数量居全球之冠，被称作植物界的"大英博物馆"，是联合国认定的世界文化遗产，更是人们心中的园林宝藏。18世纪中叶，邱园的建造时期正是英国风景园盛行之际，也处于欧洲园林追求东方趣味的热潮之中，邱园作为历史园林，其园林、建筑要素反映了18世纪到20世纪的造园艺术，对西方乃至全世界园林文化发展形成了广泛而深远的影响，对植物分类的研究和植物经济做出了极大的贡献。经过了200多年的发展，邱园已经从单一从事植物收集和展示的皇家植物园发展成为集休闲、教育、展览、科研、政治和文化交流等综合功能于一体的城市公共场所，其发展历程和模式也深深地影响了后来的世博会和园博会。

自15世纪开启大航海时代，人类第一次建立起跨越大陆和海洋的全球性联系，东西方之间的文化和贸易交流剧增，世界开始连结为一个整体。17—18世纪的启蒙运动开始引导世界摆脱充满传统教义、非理性和盲目信念的思想枷锁，开辟了崭新的科学时代并催生了人类伟大的工业革命。19世纪前半叶，欧洲工业革命正如火如荼，科学技术的飞速发展，使人类生活发生了巨大的变化，

英国作为世界工业革命的先驱和领导者，在1849年决定举办世博会，以"展示、竞争和鼓励"为目标，通过展示来自各地的艺术和工艺产品，"使不同的国家和大陆隔绝的距离在现代科技面前快速消失，所有国家从此都可以朝新的方向发展"。首届世博会于1851年5月1日在伦敦海德公园顺利开幕并取得巨大成功。作为第一个真正意义上的国际展览会，伦敦世博会成功地在国际上掀起了举办大型博览会的热潮，并为随后各国举办的国际性展会提供了先行样板。

市集里的萌芽

园博会最初的起源是定期的市集。市集起初只涉及经济贸易，在古代农耕社会，人们往往在庆贺丰收、宗教仪式、欢度喜庆的节日里展开交易活动，后来逐渐发展成为定期的、有固定场所的、以物品交换为目的的大型贸易与展示的集会，如中国庙会、中世纪欧洲商人的市集等。18世纪后期，伴随着工业革命，新技术和新产品不断涌现，随后出现了以宣传、展出新产品和成果为目的的展览会，包括以园艺为主题的展览会，如1809年在比利时举办的欧洲第一次大型园艺展。到19世纪，贸易范围扩大到全球，展览会的规模逐步扩大，展示时间逐渐拉长，参展国家逐渐增多，形成了具有全球影响力的综合性博览会，此后又进而发展形成了各类专业博览会，园艺博览会便是其中的一类。

1889年法国巴黎世博会及1893年美国芝加哥

世博会参观人数都超过2500万人，这样强大的吸引力带来了巨大的影响力，它不再局限于活动本身，而是影响着城市、区域乃至整个国家的发展建设，在工业发展迅速、人民生活水平不断提高的年代，对推动当时科技进步、促进经济贸易发展有着重要的作用。1883年，在荷兰首都阿姆斯特丹举办了世界上首届以园艺为主题的博览会——阿姆斯特丹国际博览会，举办天数100天，参观人数880万人次，展览时间和游人规模均与今天的园博会相近。园艺博览会的连续举办逐渐深入人心，极大地推动了园艺行业的发展和园艺科技的进步，掀起了西方家庭园艺风潮，带动了园林园艺市场的蓬勃发展。

科技发展的助推

20世纪人类在科学技术领域获得了前所未有的创新成就，高新技术的创新层出不穷，极大地改变了人类的思维方式和观念，改变了人类的生产与生活方式，革新了人类社会的组织结构，重塑了城乡发展整体格局。世界上主要发达国家在20世纪率先完成了城镇化进程，国际经贸蓬勃发展。在科技迅猛发展的同时，也出现了一系列环境问题，并先后爆发了两次世界大战。保护生态环境以及对战争的反思、战后的恢复成了20世纪思潮的主旋律之一。20世纪的园艺博览会在反思战争、恢复生产、复苏经济、保护环境的思潮中发展，赋予了园博会更多的价值追求和时代意义，并通过实践将家园重建、废弃恢复、环境保护等思想融入到博览园建设当中。

由于战后国际经贸环境发展，博览会的举办理念开始关注展示科学技术成就的同时，注重促进国际、城市间的交流、合作与协调发展。国际展览机构（BIE）和国际园艺者协会（AIPH）这两个重要组织的成立使得园艺博览会的组织更加正规化、专业化，有力地促进了园艺博览会的发展，各大洲轮流举办的世界园艺博览会和德国联邦园林展成为当时最为典型的两个专业展会。与此同时，最初将全部展区集中于一栋建筑的布局方式已不能满足日益丰富的展示内容以及人们日益多元的活动需求。展示手段逐渐演变为室内场馆与室外展示相结合，博览会的功能也从单纯的产品展示演变为综合性城市活动，娱乐休闲区的地位越来越受到重视，加上战后恢复需要以及百姓休闲需求，园艺博览会得到很大发展，博览园内增加了各种休闲设施，形成了主题公园式的中心活动区，自然景观成为园区空间布局的重要组成部分，博览园的景观环境质量逐渐成为衡量园博会是否成功的重要因素之一。

全球化下的世界性舞台

经过多年的发展，园艺博览会已从单纯的产品展示演变为综合性城市活动，通过博览会促进了社会交流与合作，也提高了人们的环保和可持续发展意识。关注人与环境的问题，以生态环境保护、可持续发展等为主题的园艺博览会开始发展起来，如1963年德国汉堡国际园艺博览会、1964年奥地利世界园艺博览会都提出了"唤起人们对人类与自然相容共生"的主题，1990年日本大阪万国花卉博览会提出"花与绿——人类与自然、保护未来生态环境"的主题。博览园的建设除了提供传统的室内外展示、休闲娱乐空间，生态与可持续发展理念已经成为重要的办会准则。

21世纪之前，世界园艺博览会的举办地大都是经济比较发达的欧美国家，从1960年首届世界园艺博览会开始，至1997年加拿大魁北克国际花卉博览会，国际园艺者协会（AIPH）共批准举办了19届世界园艺博览会，其中亚洲仅日本在1990年（大阪）举办过一届，其余举办地均为欧美国家，德国、荷兰、奥地利等国举办次数相对较多。

20世纪后期，以信息技术革命为中心的高新技术迅猛发展，经济全球化进程加速，推动了资源和生产要素在全球的合理配置。国际商品交换网络的扩大和各国经济与产业技术交换的紧密促使发展中国家纷纷加盟国际展览局和国际园艺生产者协会等国际组织，并开始申请承办世界博览会和世界园艺博览会。

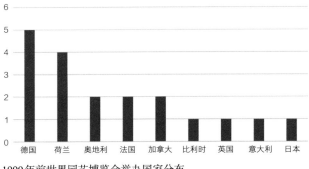

1999年前世界园艺博览会举办国家分布

世界园艺博览会各届举办情况

举办时间	举办国	举办城市	博览会名称	主题
1960年	荷兰	鹿特丹	国际园艺博览会（A1类）	唤起人们对人类与自然相容共生
1963年	德国	汉堡	汉堡国际园艺博览会（A1类）	唤起人们对人类与自然相容共生
1964年	奥地利	维也纳	奥地利世界园艺博览会（A1类）	唤起人们对人类与自然相容共生
1969年	法国	巴黎	巴黎国际花草博览会（A1类）	/
1972年	荷兰	阿姆斯特丹	芙萝莉雅蝶园艺博览会（A1类）	/
1973年	德国	汉堡	汉堡国际园艺博览会（A1类）	在绿地中度过假日
1974年	奥地利	维也纳	维也纳国际园艺博览会（A1类）	/
1976年	加拿大	魁北克	魁北克国际园艺博览会	/
1980年	加拿大	蒙特利尔	蒙特利尔园艺博览会（A1类）	/
1982年	荷兰	阿姆斯特丹	阿姆斯特丹国际园艺博览会（A1类）	/
1983年	德国	慕尼黑	慕尼黑国际园艺博览会（A1类）	/
1984年	英国	利物浦	利物浦国际园林节（A1类）	/
1990年	日本	大阪	大阪万国花卉博览会（A1类）	花与绿——人类与自然、保护未来生态环境
1992年	荷兰	祖特尔梅尔	祖特尔梅尔国际园艺博览会（A1类）	/

举办时间	举办国	举办城市	博览会名称	主题
1993年	德国	斯图加特	斯图加特园艺博览会（A1类）	/
1994年	法国	圣·丹尼斯	圣·丹尼斯国际园艺博览会	/
1995年	德国	哥特布斯	哥特布斯国际园艺博览会	/
1996年	意大利	热亚那	热亚那国际园艺博览会	/
1997年	比利时	利戈	利戈国际园艺博览会	/
1997年	加拿大	魁北克	魁北克97国际花卉博览会	/
1999年	中国	昆明	昆明世界园艺博览会（A1类）	人与自然——迈向21世纪
2000年	日本	淡路	淡路花卉博览会	/
2002年	荷兰	哈勒默梅尔－阿姆斯特丹	芙萝莉雅蝶园艺博览会（A1类）	体验自然之美
2003年	德国	罗斯托克	罗斯托克国际园艺博览会	海滨的绿色博览会
2004年	日本	静冈	滨名湖国际园艺博览会	/
2005年	德国	慕尼黑	慕尼黑联邦园艺展（BUGA）	/
2006年	泰国	清迈	清迈世界园艺博览会（A1类）	表达对人类的爱
2006年	中国	沈阳	沈阳世界园艺博览会（A2+B1类）	我们与自然和谐共生、自然大世界、世界大观园
2010年	中国	台北	台北国际花卉博览会（A2+B1类）	彩花、流水、新视界
2011年	中国	西安	西安世界园艺博览会（A2+B1类）	天人长安·创意自然——城市与自然和谐共生
2012年	荷兰	芬洛	芬洛世界园艺博览会（A1类）	融入自然，改善生活
2013年	韩国	顺天	顺天湾国际园艺博览会	地球与生态，融为一体的庭园
2013年	中国	锦州	锦州世界园艺博览会（首届世界园林博览会，IFLA和AIPH首次合作）	城市与海，和谐未来
2014年	中国	青岛	青岛世界园艺博览会（A2+B1类）	多彩园艺，和谐城市
2016年	中国	唐山	唐山世界园艺博览会（A2+B1类）	都市与自然·凤凰涅槃
2016年	土耳其	安塔利亚	安塔利亚世界园艺博览会（A1类）	/
2019年	中国	北京	北京世界园艺博览会（A1类）	绿色生活，美丽家园
2021年	中国	扬州	扬州世界园艺博览会（A2+B1类）	绿色城市，健康生活
2021年	卡塔尔	多哈	多哈世界园艺博览会（A1类）	/
2022年	荷兰	阿尔梅勒	芙萝莉雅蝶园艺博览会（A1类）	发展绿色城市

1.2 中国的步伐：昆明世园会与中国国际园林博览会

携手迈向新世纪

当西方在19世纪就开始如火如荼地举办各类世界性展会的时候，中国还处在一个积贫积弱的年代，而最早见识世界博览会的中国人，多以私人身份前往，那时候的世博会在中国人眼里被看作"炫奇会"或者"赛奇会"。1876年，中国第一次以国家身份参加费城世界博览会，这也是中国人"睁眼看世界"的重要事件之一。此后，由于战乱和动荡，直到1982年的美国诺克斯威廉世界博览会，新中国首次参加并重返世界博览会舞台。"世界博览会中的中国历史，以滴水之冰的效用反映出中国从封闭走向接受，从自固走向共同，从衰落走向复兴的曲折"。

从1851年到1999年，百年之后开放的中国与奔跑中的世界开始同步。1999年，世界园艺博览会首次来到中国，在昆明举办。世纪之交中国成功申办世界博览会（后因为世博会排期冲突改为申办世界园艺博览会），标志着开放和发展中的中国，对迈向21世纪充满了信心和期待。

世界的舞台，中国的风采

1999年昆明世界园艺博览会主题为："人与自然——迈向21世纪"，于1999年5月1日开幕，10月31日闭幕，历时184天。会址设在中国昆明市北部金殿风景名胜区，占地面积205公顷。时任国务院副总理、博览会组委会主任李岚清强调："我们希望这次博览会将成为国际园艺界的一次盛会，让世界各国都有机会展示和交流其丰富多彩、各具特色的园林、园艺艺术，并以此促进世界各国人民的相互了解，增进友谊与合作。"

1999年昆明世界园艺博览会

昆明世界园艺博览会的展览内容主要注重园林、花卉、植物及相关技术和设备及环境与人类生活的关系，并促进这些项目的技术进步以及相关发展，不断改善人类生存的环境。展出内容包括：悠久的园林传统和丰富多彩的园艺品种；传统文化与现代文明相结合的庭园建筑；保护自然环境、维护生态平衡的建设成就；独具特色充满魅力的花坛；经济发展与自然环境的完美结合；与园林、园艺相关的先进技术、书籍和设备；与园林、园艺和环境相关的纪念品以及各地的风味食品。

江苏省人民政府受邀参加昆明世界园艺博览会，建设了展园"东吴小筑"，其占地面积1580平方米，以苏州古典园林文化为主题，通过曲廊水榭、小桥流水等实物造景，配以楹联题额，突出典型苏州园林的风韵，使人们感受到中国传统

1999年昆明世界园艺博览会——东吴小筑

园林的文化内涵和深远的美学意义，领略苏州古典园林的风采，获得了业界专家和广大游客的充分肯定，取得了积极成果。

本土的实践带动

1997年，建设部组织举办了第一届中国国际园林博览会，这是园林绿化行业层次最高、规模最大的国际性盛会。1997年以来，经过二十多年的持续推进和拓展提升，中国国际园林博览会响应了中国时代发展的要求，顺应了城镇化的进程，回应了人民对美好生活的向往，已经成为推动中国城市园林绿化高品质建设的重要平台，也是承办城市改善人居环境、激活城市活力、联动提升空间品质、服务城市高质量发展和人民高品质生活的重要载体和触媒。

第十三届中国国际园林博览会落户江苏徐州，并于2022年11月6日开幕。本届园博会由住房和城乡建设部、江苏省人民政府主办，徐州市人民政府、江苏省住房和城乡建设厅承办，是首次由非省会地级市承办，同时也是办会理念转型和内涵拓展后的首届园博会。本届园博会主题为"绿色城市，美好生活"，围绕"全城园博、百姓园博"理念，打造了一届精彩荟萃、地域文化特色鲜明、自然与人文交融、传统与现代园林美美与共的园博盛会。博览园以各具特色的55个国内展园和10个国际展园为重点，首次实现全国各省（区、市）参展全覆盖，更有数位中国工程院院士以及全国工程勘察设计大师领衔设计的展园、场馆建筑和配套设施建筑等，大咖云集、亮点纷呈，不仅为博览园带来一场园林艺术盛宴，更充分展示了城市绿色发展成果和中国园林文化魅力，为人民群众塑造了当代"桃花源"。

第十三届中国（徐州）国际园林博览会博览园全景

中国国际园林博览会历届举办情况

届别	举办城市	时间	举办地点	主题
第一届	大连	1997年	会展中心	/
第二届	南京	1998年	玄武湖公园	城市与花卉——人与自然的和谐
第三届	上海	2000年	浦东中央公园	绿都花海——人 城市 自然
第四届	广州	2001年	珠江新城	生态人居环境——青山碧水蓝天花城
第五届	深圳	2004年	国际园林花卉博览园	自然 家园 美好未来
第六届	厦门	2007年	集美杏林湾	和谐共存，传承发展
第七届	济南	2009年	国际园林花卉博览园	文化传承，科学发展
第八届	重庆	2011年	北部新区龙景湖	园林，让城市更加美好
第九届	北京	2013年	永定河畔	绿色交响，盛世园林
第十届	武汉	2015年	金银湖（张公堤西段）	生态园博，绿色生活
第十一届	郑州	2017年	航空港经济综合实验区	引领绿色发展，传承华夏文明
第十二届	南宁	2018年	顶蛳山区域	生态宜居，园林圆梦
第十三届	徐州	2022年	铜山区吕梁山区域	绿色城市，美好生活

1.3 江苏的探索：开创省级园博会先河

古典园林的当代传承

江苏园林历史悠久，技艺精湛，江南古典园林不仅是中国园林的经典和杰出代表，生动地反映了中国人的自然观和人生观，也深刻影响着世界园林的发展。江苏的传统园林，即便只有方寸之地，也努力尽显自然之妙，呈现"虽由人作，宛自天开"的意境，体现着中国人"天人合一"的生活态度和世界观，承载着中华传统营建智慧和"匠人"精神。

随着时代的发展、社会的进步，当代园林的发展需要继承和发扬古典园林精华，同时也需要融入中国优良的传统文化和观念，并将现代文化和生活连接起来，使其在新时代持续焕发生机与活力，并以此推动中国园林技艺的赓续、创新和发展。

园林艺术的大众化

习近平总书记在2018年参加首都义务植树时强调，"一个城市的预期就是整个城市是一个大公园，老百姓走出来就像是在自己家里的花园一样，让公园成为人民群众共享的绿色空间。我们既要着力美化环境，又要让人民群众舒适地生活在其中，同美好环境融为一体"。中国科学院院士、中国工程院院士吴良镛先生也曾提出，"园林系统与建筑学、规划学其理则一……其中自然、人文等地理因素是相当关键的，要全新认识自然，回归自然。""人的居住环境中需要有良好的游憩地，使人精神开朗，情绪平衡，工作效率提高，简言之，人的生活需要一个美的环境。"

园林之美，表达着人们对自然的眷恋和对美好生活的向往。现代园林已经从私宅庭院走向城市，从城市走向更为广阔的大地景观，融入了百姓生活，扮美了城市空间。公园绿地不仅是城市中可观、可感、可亲近的自然生境，构筑了城市的自然生态本底，更是城市中"诗与远方"凝练复合的理想空间，也是城市的公共资源，承载着人民的美好生活，彰显着城市的人文精神，是城市品质的重要体现。

在传承中创新，在更迭中发展

从古至今，江苏的造园艺术一直在传承中发

世界文化遗产——苏州网师园

展，在探索中创新，创造了当代江苏园林艺术的辉煌，十处古典园林入选"世界文化遗产"名录。改革开放以来，江苏风景园林事业取得了长足进步，实现了跨越式发展。进入新世纪以后，随着全省经济、社会等各项事业的快速发展，人们对人居环境改善、城市功能品质提升有了更高的要求与期盼，也给风景园林工作拓展了新的发展空间、赋予了新的目标与使命。

在昆明世界园艺博览会的启发和中国国际园林博览会的引领带动下，2000年，江苏省园艺博览会应时而生，开创了国内省级园艺博览会的先河。江苏省园艺博览会由江苏省人民政府主办，由13个设区市人民政府通过申办竞选的方式轮流举办，以期通过园博会的平台，进一步发挥江苏园林艺术的优势，不断探索创新，以展示园林艺术、延续历史文脉，创建绿色宜居的人居环境为愿景，打造具有影响力的园博品牌，示范引领江苏城市人居环境建设。不同阶段背景下，伴随国家新发展理念和新时代要求，为不同时期的园林绿化行业带来了新的发展机遇，每一届都有鲜明的时代性，回应新理念、新要求，顺应时代发展；每一届都有典型的本土性，体现在地特征，延续地域文脉；每一届都有良好的互动性，强调与区域发展、产业发展互动，与社会和大众互动。江苏园博的发展成为江苏城市绿化建设、园林绿化行业发展的时代缩影，记录了江苏园林绿化发展的绿色轨迹，留给承办城市一处绿色遗产，成为江苏的一个绿色品牌。

2 园博历程

二十载春秋轮转、二十年匠心积淀，江苏省园艺博览会从无到有，开创、培育、成长、发展、变迁，经历了不平凡的发展历程，每一届园博会都凝聚着人们对生态宜居空间的感悟和追求，从升级既有公园到联动主题公园、从推进环境综合治理到展示生态节约新技术、从融合休闲度假功能到修复滨水生态空间，历届园博会都从不同角度对园林发展悉心探索和创新实践，从起初单一功能的展会，发展成为国内规模最大、最具影响力的地方园林园艺盛会，也是江苏持续举办的省级展会之一，成为江苏生态建设、文化建设的品牌工程，在全国园林园艺行业产生了积极影响。

回顾二十余年的历程，江苏省园艺博览会大致经历了探索、发展、转型三个阶段。

——探索阶段

以第一、二、三、四届园艺博览会为代表，时间为2000年至2005年。在此阶段，江苏省园艺博览会在起步、借鉴、探索中不断发展，初步形成了系统、完整的办会、运营体系和主题突出、分区明晰的规划、布局体系，逐渐形成了本省的办会特色，积累了办会经验。

——发展阶段

以第五、六、七届园艺博览会为代表，时间

2000年
南京
主题：绿满江苏

2001年
徐州
主题：绿色时代——面向21世纪的生态园林

2003年
常州
主题：春之声——绿色奏鸣曲

2005年
淮安
主题：蓝天碧水·吴韵楚风

2007年
南通
主题：山水神韵·江海风

2009年
泰州
主题：水韵绿城·印象苏中

2011年
宿迁
主题：精彩园艺·休闲绿洲

2013年
镇江
主题：水韵·芳洲·新园林——让园林艺术扮靓生活

2016年
苏州
主题：水墨江南·园林生活

2018年
扬州
主题：特色江苏·美好生活

2021年
南京
主题：锦绣江苏·生态慧谷

2023年
连云港
主题：山海连云·丝路绿韵

江苏省历届园博会概览

为2007至2011年。这一时期，江苏省园艺博览会不断在发展中前行，注重结合地域特色，突出创新展示功能和新品种、新材料、新技术、新工艺的运用，对全省园林园艺行业起到了引领示范作用。

——转型阶段

以第八届至第十二届园艺博览会、第十三届中国国际园林博览会为代表，时间为2013年以来的近十年。进入新时代，在前七届园博会的基础上，江苏省园艺博览会日渐成熟并积极响应新时代的要求，落实新发展理念，越来越注重体现专业性与社会性的融合、艺术性与示范性的结合，有效促进举办城市的功能品质提升和人民生活质量的提高，日益成为城乡建设绿色发展转型的综合实践。

1.南京-玄武湖公园
2.徐州-云龙湖公园

3.常州-恐龙园
4.淮安-钵池山公园
5.南通-狼山风景区

城市中心公园 → **城市新老接合部**

2000—2001年　　2003—2007年

2016—2023年　　2009—2013年

城市新区 ← **城市近郊**

9.苏州-吴中区临湖镇
10.扬州-仪征枣林湾生态园
11.南京-江宁汤山
12.连云港-云台农场
13.徐州-吕梁山

6.泰州-周山河公园
7.宿迁-湖滨新城
8.镇江-滨江新区

历届园博会选址特征

江苏省园艺博览会历届举办情况

届别	举办城市	时间	举办地点	场地特征	会后利用
第一届	南京	2000年	玄武湖公园	城市公园内临时场地	城市综合公园
第二届	徐州	2001年	云龙湖公园	城市中心待建绿地	城市综合公园
第三届	常州	2003年	恐龙园	主题园区拓展绿地	主题公园
第四届	淮安	2005年	钵池山公园	城市待建绿地	城市综合公园
第五届	南通	2007年	狼山景区内	滨江景区拓展用地	风景名胜区
第六届	泰州	2009年	周山河街区	城市待建绿地	城市综合公园
第七届	宿迁	2011年	湖滨新城	滨湖沿岸绿地	旅游度假区
第八届	镇江	2013年	滨江新区	滨江沿岸绿地	郊野公园
第九届	苏州	2016年	吴中区临湖镇	太湖沿岸绿地	郊野公园
第十届	扬州	2018年	仪征枣林湾生态园	旅游度假区待建绿地	旅游度假区
第十一届	南京	2021年	江宁汤山	矿区，旅游度假区拓展区	旅游度假区
第十二届	连云港	2023年	云台农场	沿海滩涂盐碱地	城市生态公园与区域宜游空间

2.1 玄武湖上的绿色序曲·南京2000
——第一届江苏省（南京）园艺博览会

江苏作为中国经济最发达的省份之一，园林历史悠久。为了进一步发挥园林园艺优势，提高园林园艺事业水平，江苏省于2000年在南京举办了第一届园艺博览会，开创了省级举办园博会的先河。

这是江苏省第一次主办的大型园艺博览会，为临时性展会，会期为2000年9月20日至10月8日，在玄武湖公园翠洲精彩呈现。本届园博会主题为"绿满江苏"，占地面积约10公顷，由各省辖市和部分县级市共同建造参展。

依托玄武湖的现有景观，本届园博会在翠洲博览园共设21个省内城市展园和2个管理局展园，在梁州、樱洲的室外景点，举办了十大展览，包括各城市园林园艺、盆景、根艺、雅石展，摄影大赛精品展，日本插花艺术表演展，"绿满江苏"书画名家作品展，"绿满家园"省居住区绿化环境、

第一届江苏省（南京）园艺博览会博览园——南京玄武湖公园（翠洲）

城市广场、游园绿地图片展，"园林文化园"及各风景名胜区景点展等。

除展示江苏省各城市独具地域特色的园林园艺展园之外，本届园博会还组织了大量丰富多彩的园事花事活动。开幕式、闭幕式和各种充满园林园艺主题特色的歌舞表演、城市文化活动节等活动分别在玄武湖公园的翠洲、樱洲、梁洲举办。而龙舟大赛和花车巡游作为本届的特色亮点活动，吸引了大量市民的积极参与。

参照1999年昆明世界园艺博览会模式，本届园博会首次尝试举办省内园林园艺交流活动，会中展示了各地为保护生态环境、保护生物多样性、协调人与自然关系等方面所作的努力，并以此推动全省园林园艺事业发展。借此契机，玄武湖公园也实现了翠洲的整体提升。

本届园博会展会期间共接待游人30万人次，不仅展示了南京国家级园林城市的形象，提高了城市知名度，扩大了园林园艺影响，也展示了江苏省经济、文化大省形象，提升了江苏的文化品位和艺术品位。

城市展园1

城市展园2

开幕式文艺表演

无锡市花车巡游

2.2 云龙公园里的时代华章·徐州 2001

——第二届江苏省（徐州）园艺博览会

2001年9月24日至10月8日，由江苏省人民政府主办，江苏省建设厅、江苏省农林厅和徐州市人民政府共同承办，12个省辖市协办的第二届江苏省园艺博览会在徐州举行。这是进入新世纪后江苏省园林园艺界的首次整体亮相，是江苏省委、省政府贯彻"三个代表"要求、推进可持续发展、加快城市化和城市现代化进程的一项重要举措。此时正值"十五"期间，是江苏省加快城市化和城市现代化建设的重要阶段，园艺博览会的举办，为建设生态园林、构筑绿色城市搭建了舞台，是一次树立城市优美形象、营造良好环境的实践。

第二届江苏省（徐州）园艺博览会博览园鸟瞰

博览园选址于徐州市中心的云龙公园，占地面积约23.35公顷，围绕"绿色时代——面向21世纪的生态园林"这一主题进行整体设计，结合现代园林园艺的发展趋势，提出人与自然和谐共生的理念与高科技园林艺术的创新。同时对云龙湖公园进行景观环境和配套设施提升，探索既有公园改造升级的新途径。

全省13个省辖市共同设计建造了13个城市展园与13个室外景点，组成了云龙公园"园艺博览园"。整个园区划分为入口区、中心展示区、园艺科技区、环境保育区、带状密林区、盆景艺术区及现状保留区七个部分。整体设计充分利用场地现状，尊重场地原有肌理。拆除园内原有凌乱和品质较差的建筑及人造景点，保留建筑根据整体建设要求加以修缮，使之符合园博会的整体形象；保留现状质量较好的王陵母墓区，沿路种植大乔木进行空间分割并增加观赏性强的植物美化环境；保留园内较多、长势较好的植物并结合具体设计进行调整改造，达到现状植被最大程度的利用。

与此同时，各类先进的绿色科技广泛运用于博览园内。温室展览馆模拟热带雨林结构进行配置，展示热带雨林植物的多样性；在室外科技展

第二届江苏省（徐州）园艺博览会博览园总平面图
（总体规划设计单位：江苏省城市规划设计研究院）

示片区，利用自吸、自控肥水的新型种植容器等新技术和运用展示苗木培育技术；各类新型灌溉技术，则反映了绿色科技在园艺生产、养护等方面的运用。

本届园博会在展会期间，每天游客达1万人次以上，15天的展会期间，主会场及分会场接待游人40余万人次。作为园博会重要组成部分的徐州市首届旅游交易会暨彭城金秋旅游节，共签约旅游合作项目11项，协议投资金额4.26亿元，为徐州市旅游发展注入了新的动力。

徐州展园

镇江展园

苏州展园

扬州展园

2.3 乐园里的盎然春意·常州2003

——第三届江苏省（常州）园艺博览会

主题为"春之声——绿色奏鸣曲"的第三届江苏省（常州）园艺博览会，选址于常州市高新技术开发区中华恐龙园南侧，占地面积约13.5公顷，会期为2003年6月28日至7月12日。

本届园博会以建设中华恐龙园为中心的新型

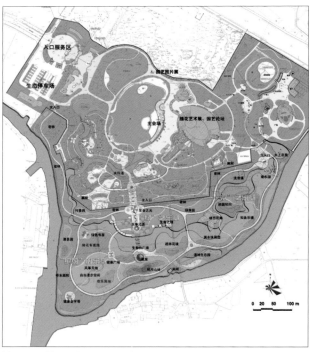

第三届江苏省（常州）园艺博览会博览园总平面图
（总体规划设计单位：江苏省城市规划设计研究院）

旅游休闲区为目标，探索现代园林与主题公园联动发展的新模式。全园由"绿"之乐章、"水"之乐章、"缤纷"之乐章组成，由生命绿轴、健康休闲轴一主一次两条主题轴线构成全园的主旋律，各主题空间内设置的景点意喻跳动的音符，与主旋律有机交织，组合奏响一首情景交融的"春之声——绿色奏鸣曲"。

园内共设13个省内城市展园，位于展区主入口的主展馆，是博览园的标志性建筑，外形似一只恐龙蛋，与附近的恐龙园相互呼应并有机相融。展会期间，主展馆内举办了室内温室植物展。

这是首次采取申办竞选的形式确定承办城市的一届博览会，全省各城市的积极参与，促进了全省园林园艺科技和艺术的交流、探索，给城市园林绿化事业带来新理念、新气息。常州市以特色鲜明的申报方案、完善的配套措施以及参与往届园博会建设的突出业绩，经竞争式遴选获得承办资格。

在选址酝酿和办展资金筹措上，本届园博会积极寻求市场运作方式的突破，采取引入企业参与、社会各方支持的思路——依托常州中华恐龙园，结合对常州市城市功能区的分析及博览园的规划建设立意，经专家的反复论证，确定了博览园选址和中华恐龙园参与建设的运作模式，因地制宜地将园博会的项目建设与促进企业发展有机

第三届江苏省（常州）园艺博览会博览园鸟瞰

结合，为办展的市场化运作机制积累了经验。建成的博览园展示区与中华恐龙园游乐功能区相对独立，环境建设有机融合，景观效果良好，既满足了博览会展示功能的需要，又为主题公园的发展开辟了前景。

常州市结合本届园博会的举办，首次设立分会场，举办全省大型苗木交易会，将地方特色经济——花卉苗木的生产、交易推向一个新的发展阶段。

南京展园

泰州展园

2.4 钵池山下的绿色城市宣言·淮安2005

——第四届江苏省（淮安）园艺博览会

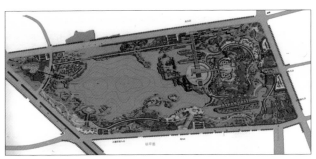

第四届江苏省（淮安）园艺博览会博览园总平面图
（总体规划设计单位：加拿大筑原设计师事务所）

　　钵池山公园位于淮安市中心区域，是"三淮一体"的重要组成部分。成功取得"第四届江苏省园艺博览会"主办权后，淮安市政府将钵池山公园定为园博会的主会场，在建设博览园的同时，打造一个具有深厚地方历史文化底蕴、生态景观可持续发展的综合性公园。

　　本届园博会的主题为"蓝天碧水·吴韵楚风"，会期为2005年9月20日至10月26日。园区占地面积约112公顷，主要承担园博会开幕式、闭幕式、造园艺术展、园林园艺专题展览及园事花事活动，特色活动有水上运动表演、邮资明信片首发式等。

　　博览园整体布局顺应主题，在大口子湖东侧重塑钵池山山体，根据史料记载，运用天然石材与人工塑石的堆砌，结合覆土植被形成葱茏山林，重现钵池山昔日风韵，塑造依山傍水的山林景观。园内共设13个省内城市展园，另有滨水温室展厅、园艺展览馆、滨水茶吧等场馆建筑，突出"一山一水""一动一静""一古一今"的特点，将钵池山公园的古老传说、道教故事与现代造园手法有机融合，充分体现了钵池山公园先进的造园理念。

第四届江苏省（淮安）园艺博览会博览园鸟瞰

这是一届充满生机与活力的博览会，总体设计首次实行国际招标投标，市场化的运作机制体现出灵活的办园思路。同时，充分体现节约型园林建设的理念，注重对项目实施计划进行经济分析，通过保留钵池山公园既有的植被资源、水系河道、生态湿地，合理安排竖向设计等措施节约土方，实现资金配置最优化。

本届园博会在展会期间共接待游客近50万人次，同时博览园的建设为城市中心区增添了一块大型公共绿地，极大地推进了城市建设及环境与基础设施配套。各项园事花事活动充分体现了现代性、开放性、推广性和参与性，对全省园林绿化和园艺事业发展起到创新和示范作用。本届园博会期间，全省13个市的市长共同发表了"绿色城市宣言"，承诺保护赖以生存的生态环境，建设舒适宜人的绿色家园。

淮安展园

扬州展园

南通展园

宿迁展园

2.5 山水的馈赠·南通 2007

——第五届江苏省（南通）园艺博览会

第五届江苏省（南通）园艺博览会博览园总平面图
（总体规划设计单位：中国美术学院风景建筑设计研究院）

2005年，南通市获得举办第五届江苏省园艺博览会举办权，博览园项目选址在江苏省六大风景区之一的国家4A级景区狼山风景区内。

本届园博会主题为"山水神韵·江海风"，会期为2007年9月20日至10月19日。博览园占地面积约48.5公顷，承担园博会开幕式、闭幕式、造园艺术展、园林园艺专题展览及各项园事花事活动。依托狼山风景区优越的自然和人文资源，博览园的建设充分尊重基地特征，借景周边环境，形成"一核、三轴、五区"规划格局。园内共设13个各具特色的城市展园，主展馆位于博览园东北部，集生态功能与现代科技于一体的膜结构温室，用于展示热带雨林植物及风光。

园内全面落实节水节能目标。场地外依长江，内与濠河水系相呼应，园区拥有水面10.1公顷，占整个园区面积的21%，同时园区内运用栈桥将水与岸巧妙连接，形成山、水、园相互交融的格局。同时，利用长江潮汐原理，对水体实施换水，涨潮时进水，落潮时排水，节约了大量的电能及自来水。博览园温室的制冷制热，采用地源热泵

第五届江苏省（南通）园艺博览会博览园鸟瞰

系统有效节约了能源；先进的ETFE膜技术运用，大大减轻了建筑的自身重量，减少了用钢量，降低了建筑能耗。

同时，通过多种类的植物搭配，运用湿地植物的观赏特性，营造自然生态的湿地景观。在打造乔灌错落有致、花草交相辉映、观叶赏花互为补充植物美景的同时，注重丰富景区植物资源，维护生物品种的多样性。

通过本届博览园的建设，南通市不仅拓展了黄马景区北侧腹地，又将滨江公园、黄泥山、马鞍山、狼山相互串联起来，增加了游览选择的多样性和观赏的趣味性。同期，南通市完成了狼山风景名胜区周边环境整治，扩展了风景名胜区范围，使园区与景区有机融为一体，拓展了城市生态绿地与景观空间，极大丰富了城市滨江生活岸线，提升了狼山风景名胜区的知名度和美誉度。

南京展园

主展馆膜结构温室

苏州展园

2.6 蓬勃生长的城市绿核·泰州2009

——第六届江苏省（泰州）园艺博览会

主题为"水韵绿城·印象苏中"的第六届江苏省园艺博览会，选址于泰州市周山河街区的核心区域，占地面积约100公顷，是泰州打造的新城区核心，更是城市主轴上的绿核。本届园博会会期为2009年9月24日至10月24日，主要承担园博会开幕式、闭幕式、室外园林艺术展、盆景赏石精品展、秋季花卉与插花艺术展、节约型园林绿化学术研讨会、园林书画摄影艺术展等园事花事活动。

以山水画卷为蓝图，本届博览园规划设计建设的各个环节都彰显着泰州水城特色，突出水乡风光，营建集生态功能、美学功能和游憩功能以及良好景观格局于一体的生态公园。园内设有城

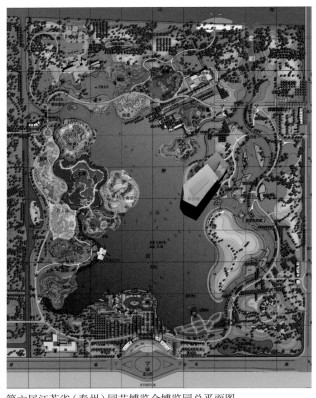

第六届江苏省（泰州）园艺博览会博览园总平面图
（总体规划设计单位：江苏筑原环境艺术工程公司）

第六届江苏省（泰州）园艺博览会博览园鸟瞰

市展园和首次亮相的牡丹园、月季园等专类展园，共计15个，主展馆滨水而建，采用多项绿色科技，打造低能耗、清洁能源示范场馆。

在办展办会上，本届园博会借鉴前五届园博会的办展经验，充分运用市场机制，积极探索市场化运作。采用出让冠名权、广告权和赞助、经营有关活动项目等方式，动员和吸纳社会力量支持、参与园博会。展会期间共接待游客近100多万人次。

在园区建设上，利用挖河堆土造山，并最大限度保护既有的近千棵银杏树、成片杨树林和既有港河等水面；造景材料注重乡土性、多样性，采用大量的乡土树种；园内所有驳岸除建筑基础所需硬化外均为自然缓坡，营造出生机盎然的特有湿地景观。

在造园技术上，突出新材料、新技术、新工艺与造园的完美结合，集中展示了200多种自播自繁、抗旱能力强的宿根花卉、地被植物和乡土树种；园林照明采用太阳能发电新技术，园林道路采用透水路面，园林建筑因地制宜采用节能新技术等，充分展示现代造园艺术水平。

为适应新阶段人民群众的新期待、新要求，党的十七大报告在全面建设小康社会奋斗目标的新要求中，第一次明确提出了建设生态文明的目标。与往届相比，本届园博会更加注重生态和可持续发展。在科学发展观的指导下，本届园博会推进全省园林园艺事业的科学健康与可持续发展，为建设绿色江苏、实现"两个率先"、构建和谐社会作出了积极贡献。2010年，博览园正式更名为天德湖公园，对市民免费开放，同时与周围公园绿地形成有效串联，使天德湖公园成为连接城区景观项链中一颗闪亮的珍珠，更成为泰州的一张靓丽的绿色名片。

泰州展园

远眺主展馆建筑

连云港展园

2.7 骆马湖畔的休闲绿洲·宿迁2011
——第七届江苏省(宿迁)园艺博览会

　　长期以来,宿迁市一直致力于建设集湖光山色、运河景观、黄河新姿、人文景色于一体,森林式、环保型、园林化可持续发展的湖滨特色生态城市,并于2009年荣获"国家园林城市"称号。其得天独厚的城市生态环境,以及长期以来在城市建设方面所做的努力,为举办第七届园博会奠定了良好的基础。

　　2011年,选址于风景秀丽的骆马湖畔的第七届江苏省园艺博览会开幕,主题为"精彩园艺·休闲绿洲",会期为2011年9月26日至10月26日。园区占地面积约69.4公顷,主要承担园博会开幕式、闭幕式、造园艺术展、园林园艺专题展览及

第七届江苏省(宿迁)园艺博览会博览园总平面图
(总体规划设计单位:江苏省城市规划设计研究院)

第七届江苏省(宿迁)园艺博览会博览园鸟瞰

园事花事活动，特色活动有"新技术、新设备、新材料"展示交易会、"童眼看园艺"中小学生园林园艺科普教育活动、龙舟邀请赛、滑水表演、骆马湖渔火节等。

博览园紧依骆马湖，整体规划沿湖而建，贴湖而行，形成水绕园走、人沿水行的亲水格局。以湖泊湿地为主线，把造园艺术与沿湖自然景观结合起来，彰显大气、开敞的北方园林风格，加以丰富的水生、湿生和沼生植物，营造出生机盎然的特有湿地景观，同时在园中建设湖滨浴场，聚集人气，彰显滨湖特色。

园区整体规划设计与湖滨新城总体规划相衔接，与现有的罗曼园、鲜切花基地、薰衣草基地、嶂山森林公园等园林绿化景点相协调，形成有机统

一、相互呼应的整体，打造以博览园为核心的滨湖旅游度假休闲区。

本届博览园共设18个各具特色的展园，为历届之最，分为省内城市展园、国际国内友好城市展园、设计师和企业展园，首次邀请国际友好城市参与建设国际友城展园。开放式办会、开放式建园，扩大了江苏省园艺博览会的影响力和知名度。

展会期间，园博会共接待游客110万人次，闭幕后更名为湖滨公园，并利用原有主展馆等设施，改造建设了湖滨浴场、嬉戏谷动漫王国等项目，充分发挥博览园良好自然景观条件，把湖滨公园打造成风景秀丽、虚实结合、古今荟萃、中外融合的度假休闲式主题公园，成为城市的新名片。

淮安展园

骆马湖水天一色的自然风光

2.8 扬子江畔的新园林·镇江2013

——第八届江苏省（镇江）园艺博览会

2012年，党的十八大把生态文明建设放在突出地位，2015年中共中央、国务院发布了《关于加快推进生态文明建设的意见》，阐述了具体政策和制度。第八届江苏省园艺博览会以延续长江历史文脉、展示江苏生态文明建设成果为主要目标，其主题为"水韵·芳洲·新园林——让园林艺术扮靓生活"，选址于镇江扬中经济开发区，会期为2013年9月27日至10月27日。

本届博览园占地面积约61.2公顷，采用现代造园手法，充分挖掘滨江文化，运用生态、节能、环保等绿色科技，呈现"江伴园、园融水、水蕴绿"的空间布局特色，营造生态型、节约型城市园林与湿地景观。

第八届江苏省（镇江）园艺博览会博览园总平面图
（总体规划设计单位：江苏省城市规划设计研究院）

第八届江苏省（镇江）园艺博览会博览园鸟瞰

园内共设19个各具特色的展园，分为省内城市展园、国际国内友好城市展园、设计师和企业展园。首次加入县级市展园和设计师展园，并由各地负责设计、建设。另外，三项特色展陈活动首次进入园博会，一是湿生植物展，首次集中展示湿生植物新品种，探索湿地生态景观建设新模式；二是庭院绿化展，力求以多元开放的设计，建设样板庭院，让园林园艺贴近群众生活，使园林艺术成为服务大众的公共艺术；三是室内园艺花卉展。

主体建筑包括主展馆、副展馆、滨水休闲馆、湿地馆、中国河豚岛观光塔在内的五座集地域文化特色与先进科技于一体的建筑。主展馆、副展馆及滨水休闲馆以扬中特产"河豚"为构思，运用"定型模板""多曲面幕墙""钢结构加工"三项新技术，突出自然、生态、内外景观交融的设计理念，打造先进的低碳示范馆和清洁能源应用示范馆，是历届省园博会中首个申报"鲁班奖"的主体建筑。

展会期间，主会场共接待游客160万人次，创下历届新高。借助本届园博会博览园的建设，镇江市先后开展了园区周边道路改造工程、村庄环境整治工程等一系列惠民工程。闭幕后，博览园成为一座大型、永久的4A级旅游景区，真正体现办会为民、还节于民、共建共享的办会宗旨。

镇江展园

湿生植物展园

2.9 会呼吸的水墨江南·苏州2016

——第九届江苏省（苏州）园艺博览会

2013年12月12日，习近平总书记在中央城镇化工作会议上的讲话中明确提出建设海绵城市的要求。第九届江苏省（苏州）园艺博览会选址于太湖之滨，正是基于海绵城市理念的一次规划设计实践，打造了江苏省首个"海绵型郊野公园"试点工程，不仅满足了造园功能需求，也展示了海绵城市理念与建设成效。

本届园博会主题为"水墨江南·园林生活"，选址在最具江南文化典型特征的苏州吴中区临湖镇，园区占地面积约110公顷。全园采用现代造园手法，彰显吴地文化和江南水乡特色，会期为2016年4月18日至5月18日。

园内共设省内城市展园、国际国内友好城市展园、企业展园19个，同时布置假山园、盆景园以及三大体验互动展区。展园布局打破传统会展模式，首次尝试以景观框架组织展园，并提出织补空间概念，强调通过互为因借、相互织补的构建关系，形成全园整体协调的景观风貌。

第九届江苏省（苏州）园艺博览会博览园总平面图
（总体规划设计单位：江苏省城市规划设计研究院）

主展馆鸟瞰

主体建筑包括主展馆、苏州非物质文化遗产展馆（副展馆）、综合服务中心、太湖水保护展馆、多肉植物馆、巧克力花艺中心、游客中心等。

同时，本次园博会首次将周边村落作为空间要素纳入博览园营建，并将其规划为"诗画田园"独立展区。会展期间，保留的柳舍村通过环境整治与乡村规划，成为乡村庭院展示和花圃地景田园等专题展示的特色片区，这也是园博会首次将庭院绿化作品展植入当地居民生活空间的一次创新尝试。秉持自然积存、自然渗透、自然净化的"海绵城市"理念，本次园博会首次系统全面地研究全园汇水竖向关系，将海绵城市的各项技术应用在全园范围内，对江南水网地区绿地建设的雨水自然渗、蓄、净、排提供了示范样本。

展会期间，主会场共接待游客136万人次，园博会五条专线运送游客33万人次。随着后园博时代的到来，一系列成熟的旅游配套产品应运而生，太湖园博名片也因此越来越亮。本届园博会探讨了"新江南"园林风格，开启了古典园林传承与创新的新篇章，对风景园林行业的发展进步影响深远。

经整治提升后的柳舍村融入博览园

小微湿地

道路中间下沉式绿地

2.10 江苏地景上的美好生活·扬州2018

——第十届江苏省（扬州）园艺博览会

基于悠久的园林园艺历史、良好的生态环境本底、蓬勃发展的旅游产业、丰富的展会承办经历，扬州市取得了第十届江苏省园艺博览会的举办权。本届园博会选址于枣林湾生态园核心区，占地面积约120公顷，主题为"特色江苏·美好生活"，会期为2018年9月28日至10月28日。

园区规划设计以江苏典型地理景观重塑山水构架，充分利用现有地形地貌、水系、植被等自然要素，梳理并提取江苏省典型风貌特色、挖掘并提炼省域文化特征、发挥场地优势和功能潜力，

第十届江苏省（扬州）园艺博览会博览园总平面图
（总体规划设计单位：江苏省城市规划设计研究院）

第十届江苏省（扬州）园艺博览会博览园鸟瞰

营造出一处具有江苏省域特色、展示江苏特色文化、功能弹性、形式多样的百变空间。

园内共规划建设16个展园，其中城市展园13个、大师园2个、专题展园（园冶园）1个。展园布局按照省域五大文化圈层的概念，将城市展园划分为五大片区，通过长江文化、环太湖文化、沿海文化、运河文化和黄河文化，加上园冶文化等表现要素，体现文化特色，提出设计要点，引导展园建设。

主展馆由中国工程院王建国院士领衔，以"别开林壑"为设计主题，风格取唐宋之韵，融入自然山水元素，主体建筑为院落式，依地形交错叠落，是一座具有传统韵味和时代特征的崭新绿色木结构建筑。园博会会期承办各项专题展览，包括插花、盆景、赏石精品展、花卉花艺展、园林园艺科技论坛。

百变空间主题片区位于民俗村北侧，将园林场所与人们日常活动相结合，营造出广场舞空间、阅读空间、社交空间等特色空间。除此之外，博览园在民俗村北侧布置了一处以儿童活动为主题的"童乐园"片区，包括"雾之谜""水之灵""木之变""岩之奇""土之颜"五个主题景区，探寻园博五味之旅。

在满足会展要求的基础上，本届园博在总体布局、设施配套、功能转换、用地储备等方面做了统筹安排。一是本届园博会举办完成后，将作为2021年扬州世界园艺博览会的江苏展园；二是兼顾考虑了2021年世界园艺博览会及会后的可持续利用预留了适量的发展空间。同时，本届园博会的举办及系列活动的开展也作为推动宁镇扬一体化发展的重要触媒。

童乐园区域鸟瞰

园冶园区域鸟瞰

2.11 矿谷蜕变的山地花园·南京2021

——第十一届江苏省（南京）园艺博览会

2017年4月，南京成为全国第二批"城市双修"试点城市，也是江苏省首个试点城市。以此为契机，南京市践行"两山"理论，开展城市双修作为本次园博会举办的主要选题，博览园选址位于南京市江宁区汤山北部的采矿集聚区，园区占地面积约345公顷，会期为2021年4月16日至5月16日。这里曾经分布了中国水泥厂（孔山矿）、江南水泥厂（茨山矿）等各类大中型采石、水泥生产及配套企业，还有垃圾填埋场等"散乱污"项目和三产企业，是曾经粗放发展的背后留下的一道道"生态疮疤"。在此背景下，本届园博会以"锦绣江苏·生态慧谷"为主题，提出了长三角践行"两山"理论新花园、江苏现代化建设试点新公园、南京紫东地区崛起新家园、江宁全域旅游示范区新乐园的"四园一体"总体定位。

2018年项目启动之时，先后征收了63家工业企业，实现区域内全面停止采矿，结束近百年"靠山吃山"的粗放发展模式，并在两年时间里进

第十一届江苏省（南京）园艺博览会博览园鸟瞰

行全域生态复绿，截至2021年，绿化覆盖面积达254万平方米。本届园博会以"永不落幕""永远盛开"为目标，提前谋划建设运营和可持续发展路径，将业态空间、传统文化和绿色发展理念有机融合，提升园博会生命力，持续放大园博效应。同时，以园博会为契机，促进了南京东部地区转型发展，强化了对宁镇扬协同区域毗邻空间的辐射和带动，推动区域绿色发展。

园区整体规划建设突出生态修复。一是修复城市展园所在的"苏韵荟谷"片区原有的采石宕口所形成的泥潭，采用高效环保的快速原位固结法，并在此基础上种植水生植物，重构水生态环境，使泥潭变为串联十三个城市展园的灵动水源。二是修复利用崖壁矿坑，顺山形地势建设创意舞台，形成崖壁剧院，同时修复矿坑底部荒芜地貌，形成水下植物园。三是织补城市山体景观，对园内山体及崖壁进行生态修复和森林抚育，形成南北贯通的生态廊道，最大限度保护已经形成的栖息地的同时，构建多层复合生态体系。

展园景观营造上，依据古代山水画布局，分为"高远、深远、平远"三层景观立意，十三个城市展园功能上互为表里、景致上互为因借、体量上互为层次，形成地方园林与自然山水的相互融

第十一届江苏省（南京）园艺博览会博览园总平面图
（总体规划设计单位：江苏省规划设计集团）

合，完整呈现出江苏园林文化的地域特色和传承创新，体现了中国工匠精神与现代建造技术深度融合。

建筑特色营建上，主展馆采用了"轻介入"的设计策略，加固、修缮原有水泥厂的部分单体建筑，并在此基础上织补部分新建筑，植入文化展陈、教育研学等业态，形成功能复合的"时光艺谷"，活化集约利用工业遗存，使工业遗产激发新效能。

本届园博会在规划和建设过程中，通过规划统筹、设计创新、技术集成，修复了城市曾经的生态伤疤，对江苏各地经典名园进行了创新表达，对工业遗产进行了活化利用，通过文化论坛、音乐节、体育节、欢乐嘉年华等诸多活动的举办，将精致园博、文化园博、活力园博、休闲园博的魅力推向极致，实现了生态修复基础上的文化传承创新，展现出一幅体现时代追求、传承传统文化、承载美好生活、人与自然和谐的美好图景。本届园博会总结会上，发布了《增强城市园林绿化的多元功能 营建人与自然和谐共生的美丽家园——新发展阶段城市园林绿化江苏倡议（2021）》，提出行业主张并推动地方实践创新。

修复前的坑塘水面

修复后的水体景观

修复前的水系周边

修复后坡地赋予游赏功能

修复前的矿坑水体

修复后矿坑水景周边景观

第十一届江苏省（南京）园艺博览会博览园改造前后对比

2.12 花果山下的山海风韵·连云港2023
——第十二届江苏省（连云港）园艺博览会

2023年4月，第十二届江苏省园艺博览会在新亚欧大陆桥经济走廊东方起点、"一带一路"交汇点的支点城市——连云港市举办。博览园选址于花果山余脉南部的云台农场内，占地面积约237公顷，主题为"山海连云·丝路绿韵"，会期为2023年4月26日至5月26日。

本届园博会紧扣"一带一路""健康中国""绿色转型"等时代命题，关注城市诉求，回应行业关切，重视综合效应。基于城市特质的发掘，重点关注园区选址、文化传承、空间叙事、健康引领和绿化技术在地化探索，力图打造一座具有鲜明时代性、典型地域性、良好互动性和广泛示范性的园艺博览园。

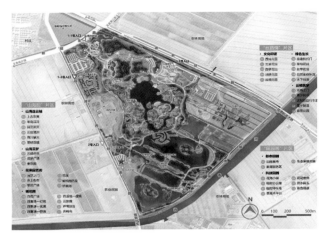

第十二届江苏省（连云港）园艺博览会博览园总平面图
（总体规划设计单位：江苏省规划设计集团）

博览园建设充分结合和响应场地特征，基于地域文化、地脉特征和时代背景，呈现以下特色亮点：一是讲好山海故事，打造文化园博；二是融入百姓生活园艺，打造健康园博；三是传播"绿色理念"，打造低碳园博；四是展现丝路风情，

第十二届江苏省（连云港）园艺博览会博览园鸟瞰

打造多彩园博；五是实践多维互动，打造活力园博。总体布局上围绕"延续山海文脉、凝聚丝路绿心、聚焦健康园艺、展示技艺创新"四大策略，规划形成"山海韵""丝路情"和"田园画"三大特色片区，以及主展馆、花果园艺街、秦东阁等具有地域文化特色的主体建筑。全园以"山海连云轴""丝路绿韵环"组织空间布局并将各城市展园有机串联，形成具有叙事性的景观空间序列。

各城市展园探索园林与园艺的深度融合，建设具有时代特征的绿色宜居空间与景观环境，并指引十三个城市展园挖掘文化、链接"丝路"、寻求载体、呈现作品。三个主题展区分别突出了基于历史的"古丝路"造园智慧展示，立足当下的"新丝路"绿色生态示范，以及面向未来的绿色智慧景观展望，探讨了在园林园艺实践中融入丝路文化、展示丝路风情的绿色构想，用园博会谱写出交流共融、与时俱进、美美与共的丝路文化新篇章。

会展期间，省园博会组委会组织了园林园艺专题展览、"一路芬芳·江苏园博历程展"、"身边的自然"优秀摄影作品展等，以期促进行业和社会交流，提升大众审美和认知，推动更多实践创新创优。

主入口鸟瞰

主展馆与核心区域鸟瞰

园林园艺专题展览

一路芬芳·江苏园博历程展

2.13 吕梁山中的桃花源·徐州2022

——第十三届中国（徐州）国际园林博览会

第十三届中国国际园林博览会落户江苏徐州市，选址于徐州东南生态片区吕梁山核心区域，2022年11月6日开幕，展期1个月。这是国际园林博览会首次由非省会地级城市承办，同时也是办会理念转型和内涵拓展后的首届园博会。

近年来，徐州市坚持走绿色发展之路，由曾经的矿产资源枯竭型城市成功转型为国家生态园林城市，获得了联合国人居环境奖称号。本届园博会深入贯彻落实新发展理念和以人民为中心的发展思想，紧扣"绿色城市·美好生活"主题，深入践行"绿水青山就是金山银山"的理念，围绕"全城园博、百姓园博"，采取"1（主展园）+1（副展园）+N（分展园）"联动模式，注重运用绿色低碳新技术，展示城市发展新理念新成果，引领园林建设新风尚。

园区高起点规划、高标准设计。依山就势，保留原有"一湖四岭"的空间格局，对山林宕口进行生态修复和园林建造，打造两条东西向的实体景观廊——"秀满华夏廊""运河文化廊"，以及一条串联南北岭湖的"徐风汉韵廊"，并充分考虑生态修复对于青少年的教育意义，打造儿童友好中心，最终形成"三廊一心"的总体布局。

第十三届中国（徐州）国际园林博览会博览园总平面图
（总体规划设计单位：深圳媚道风景园林与城市规划设计院）

第十三届中国（徐州）国际园林博览会博览园鸟瞰

本届博览会共设39个城市展园，实现了全国各省（区、市）参展全覆盖，为历届园博会参展省份最全的一届。城市展园主要分布在运河文化廊与秀满华夏廊，各展园均具有浓郁的当地特色，博览园内即可遍游全国。主展园由省级城市展园、徐州国际友好城市展园、上合组织展园、大师园、企业园、公共园等55个国内展园和10个国际展园组成，实景展示各具特色的园林文化，充分展现国内外建筑风貌、园林特色、历史文化和风土人情，促使各地文化特色相互融合，成为本届园博会的一大特色。本届园博会期间，还举办了高层论坛、园林园艺进万家、城市主题周等活动。

从绿色园林到全城园博，本届园博会进一步擦亮了徐州生态修复的城市名片，巩固了国家生态园林城市建设成果，带动了博览园周边区域发展和乡村振兴，为全国推动城市绿色发展提供了生动实践。一个月展会期间累计接待游客约15万人次，展示了城市绿色发展成果和中国园林文化魅力，为人民群众塑造了当代"桃花源"。

上海园

房中园

杭州园

创意园·字屋

3 园博效应

3.1 发展的园博

推动城市战略

进入新世纪，伴随城市化战略的推进，中国城镇化经历了大城市与城市圈为主导的中心城市集聚发展阶段，以及产业结构优化与质量提升为主导的快速发展阶段。党的十八大以来，以人为核心的新型城镇化建设深入推进，城市发展空间格局不断优化，城市可持续发展能力不断提升，发展质量持续改善，城镇建设和发展步入新的阶段。伴随城镇化不同阶段的特征和要求，城市园林绿化建设也经历了从量变到质变的发展过程。

江苏省园艺博览会自2000年举办，时间跨度20多年，在此期间，从园林城市到生态园林城市，从节约型园林绿化到海绵城市建设，从可持续发展到生态文明建设，国家的发展理念伴随各地城镇化发展一步步完善，同时也在不同时期为园林绿化行业带来了不同的发展机遇。

博览园选址与城市发展方向、城镇化进程、城市重要产业布局相适应，从单一的建园变成整合资源、协调城市发展、促进产业转型升级和城市宣传等综合性定位。博览园建设与区域环境的提升，直接带动了周边土地大幅升值，推动了城市更新改造与新城区开发，成为城市统筹发展的活力要素，持续的结构性效应不断彰显。园博会的举办为承办城市留下了一个高水平、永久性的大型城市公园，打造了新的城市绿色地标，促进了城市景观品质提升，加快了城市建设步伐，提升了城市知名度与美誉度。

促进行业发展

1992年，国务院颁布《城市绿化条例》，使园林行业的发展步入法制化轨道，促进了园林行业的健康、快速发展；2001年，国务院印发《国务院关于加强城市绿化建设的通知》，提出了城市绿化工作的阶段性目标和任务，使得各级政府对城市绿化工作的重视程度和社会广泛参与度都大大提高；2012年，党的十八大报告中首次专章论述

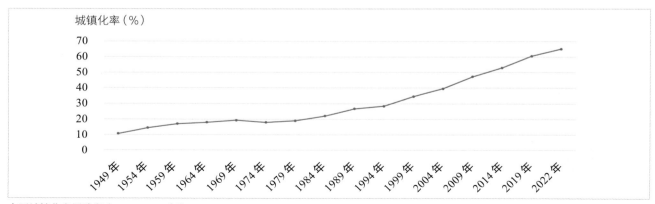

中国城镇化发展阶段（1949—2022年）

生态文明，对园林绿化行业的发展要求也越来越高。上述政策的持续推出为园林绿化行业的稳定发展创造了良好的环境和广阔的空间，使得园林绿化行业进入了蓬勃发展时期。

通过每两年一次的"园博双年展"，城市之间比舞、竞技、交流、互鉴，不仅促进了造园技艺的传播创新，还推动了园林绿化行业的整体发展和水平提升。通过园博会的理念创新、模式创新和技术创新，新发展理念和新发展阶段的时代要求在每届园博会博览园的规划与建设中得到体现。一个个博览园的建成，不仅为城市留下了一处处永久绿地，同时也在不断践行行业新发展理念，生态修复、水环境治理、生物多样性保护、海绵技术应用等一批批创新成果得到实践和应用，成为展示现代园林园艺发展成果、推广绿色科技的重要窗口，也成为拉动园林规划建设、园艺花卉苗木、现代休闲旅游等服务业发展的重要引擎，引领了园林绿化行业的发展，促进了绿化建设水平的提高。

3.2 绿色的园博

园林绿化是城市唯一有生命的基础设施，是人与自然生命共同体的重要组成部分，尊重自然、顺应自然、保护自然，让自然生境回归城市，将城市轻轻地放入自然，重塑人与自然的和谐共生关系，为城市发展带来新的生机，让自然生态与城市发展相得益彰。

践行绿色发展理念

历届园博会都坚持把绿色生态作为自觉追求，强调保护与改善生态环境，表达人与自然和谐共

生。博览园的建设，不追求规模扩张，而是在坚持集约节约、环境友好的前提下，努力建设最好、最美的园林。园博会的绿色理念和生态主张，由园博会延伸到园林绿地建设，延伸到对城市山水资源的保护，激发起人们对和谐人居环境的关注与追求，增强了对地域文化的认同感，形成共建美好家园的共识。

第十三届中国（徐州）国际园林博览会：实施宕口生态修复的岩秀园建成前后对比

第十三届中国（徐州）国际园林博览会选址在徐州吕梁山宕口生态治理区域，原状场地由于开山取石和复耕，场地水土流失、生态破坏严重。本届园博会以宕口修复利用为特色，完善山林、水体等生态系统，构建分级保护区域，建立多样化生态科普体系。宕口花园建设采用留景覆绿的手段，融合从秦汉就发展起来的徐派园林假山园与西方岩

园博图鉴——新时代江苏园博精品

石园，充分保留原有石材，部分区域新增相似人工景石，其间糅合100多种奇花异草，塑造生态野趣、依山叠石、繁花似锦的宕口"植生活水岩貌"景观。

应用绿色技术与材料

在国际园博会的创新引领和省园博会的持续推动下，通过每两年的集中展示，园博会带动了全省园林园艺设计和建设水平的提升，当代园林的创新发展融合了生态修复、韧性建设、绿色建筑、海绵城市等新时代的绿色发展理念，提升了行业绿色技术应用水平，新能源、新材料、新工艺创新与应用得到大量实践和推广。

第十一届江苏省（南京）园艺博览会：云池梦谷水下植物园

第十一届江苏省（南京）园艺博览会主展馆采用"轻介入"的设计策略，体现出"轻的结构""轻的形象"和"轻的态度"。采用装配式钢结构系统，实现环保和快速建设，部分建筑立面采用种植模块设计和安装工艺，纤细的结构构件结合攀爬类垂直绿化，营造了轻盈的建筑形象。在其他复杂建（构）筑物的设计建造中大量采用了RHINO+GH参数化设计+TEKLA深化等三维仿真

建模数字技术和智能化建造，提高了工程质量和建设效率。云池梦谷水下植物园基于绿色设计理念，通过伞状透明亚克力蓄水屋顶解决了植物园的自然通风和采光问题，大大降低了能耗。

第十三届中国（徐州）国际园林博览会：综合馆暨自然博物馆

第十三届中国（徐州）国际园林博览会：游客服务中心及一号门

第十三届中国（徐州）国际园林博览会全园建筑体现当代最新科学技术，布局大分散、小聚合，在空间上边界自由、若即若离、错落有致、奔趋向"阁"，在形体上同源差异、整体协调又各具特色。游客服务中心（绿色建筑＋主动式建筑）为主门建筑，用台斗结合的新形式来表达古风汉意。秀满华夏廊收尾布局是中西合璧的空中花园，设计为"一云落雨"，承担国际馆的功能，展馆建筑腾空于地面，利用高科技打造雨水和雾化装置，形成悬浮云与落雨景观。综合馆（绿色建筑＋生命建筑）位于秀满华夏廊东端，以坡法"层台琼阁"

第十三届中国（徐州）国际园林博览会：国际馆·一云落雨

的结构形式体现大汉之气象，达到望山、补山、融山、藏山的效果。

3.3 文化的园博

延续历史文脉

由于自然地理环境的差异，也因此孕育形成了不同的地域文化。中国传统园林的造园活动自古就与文化密不可分，园林、人与自然有一种天然的文化适应性，造园过程中往往保留了当地的文脉特质和内涵。江苏是中国古代文明、吴越文化、长江文化的发祥地之一，形成了以金陵文化、吴文化、淮扬文化、海洋文化和楚汉文化等多元文化交融的地域文化特征，这些特征构成了江苏历届园博会的文化内涵和在地性的表达要素。保

第十一届江苏省（南京）园艺博览会：苏韵慧谷（城市展园）整体鸟瞰

留和传承历史文脉，在当代创新表达地域文脉特质是江苏省园艺博览会一直以来坚持的基本理念，也是对"推进文化自信自强，铸就社会主义文化新辉煌"重大部署的贯彻落实。

第十一届江苏省（南京）园艺博览会城市展园通过对江苏经典园林要素的创意提取，将各地园林文化和园林技艺进行了集成表达。依据各城市文化与造园艺术特色，分为宁镇、徐宿、江南、淮扬及沿海5个片区，每个区域包括2～3个精品园林，呈现汉代、六朝、宋代、明清等不同时期的造园风格，每一个展园都体现城市最具代表性、时代特征最显著的园林景观。总体上借用著名宋代的山水画"三远"（高远、深远、平远）原则，集合十三个城市的地理人文特点进行布局，在竖向上形成不同层次的园林空间。同时，在功能上互为表里，景致上互为因借，形成地方园林与自然山水的相互融合，展现江苏园林文化地域特色和江苏园林的传承创新。

传承造园技艺

中国传统园林是对自然的精炼与浓缩，通过对自然的感悟，以形写神的概括所要表现景象的相关特征，从而达到小中见大的艺术效果，传统园林的空间布局和造园手法也极其丰富。"不出城郭而获山水之怡，身居闹市而有林泉之致"，这是江苏古典园林的精妙所在。博览园的建设，注重对古典园林的借鉴和发扬，依托自然山水建设园林景观，充分考虑现有原生树木、山林植被、水系湿地等资源的保护利用，大量运用宿根和自衍花卉，展现植物多样性、适生性、观赏性，使园林建设与周边环境、自然山水相协调。同时，聘

请园林非遗匠人，应用传统造园技艺，传承和弘扬传统技艺，也让大众能更直观地了解传统造园技艺工法，促进了传统非遗技艺的传承创新和积极推广。

第九届江苏省（苏州）园艺博览会博览园的建造过程中，邀请苏州非遗传承的香山帮匠人协助指导建设"木文化展馆"，并在非遗文化展览馆中以3D形式对香山帮匠人巧夺天工的建造技术进行了精妙的还原与演绎。邀请"山石韩"第三代传人亲自操刀设计假山园，汲取苏州园林中经典假山意向，展现苏州特色的山水园林。同时，在营造过程中对传统假山技术进行继承和创新，让传统技术与现代园林相互碰撞、交融。

第十一届江苏省（南京）园艺博览会城市展

第十一届江苏省（南京）园艺博览会：泰州园局部

第十一届江苏省（南京）园艺博览会：苏州园局部

第九届江苏省（苏州）园艺博览会：木文化展馆与香山帮专题展区

园邀请中国古建筑专家陈薇教授领衔进行整体设计，选择苏州"香山帮"、浙江东阳两大古建流派及专业园林队伍，对园区每一处细节精雕细琢，全力打造华东地区乃至全国高水平的园林园艺精品。参与造园的匠人最年轻的48岁，年纪最大的将近80岁，他们多是师徒、父子薪火相传。每个园子动工之前，设计师和工匠都要到当地考察传统民居建筑，一砖一瓦逐个定样，工艺精细还原到每一个环节。比如，以汉代风格为主的徐州园多选用石料构建，泰州园十六扇花窗选用当地传统形制，没有一扇是相同的。从选材、工具到工艺，都有着严谨的考究。单单是苏州园的一个窗户，要历经选材、烘干、打样、下料、打磨、上漆、榫卯拼接等一系列工序，需要6至8位有30多年行业经验的匠人耗时100多天才能完成。

展现地域特色

园艺博览会本质上是一个以自然环境为本底，以艺术性创作为手段，改造自然、再现历史记忆、传播现代文明的造园活动。历届园博会的特色源于在地性特征，不同的地形、不同的气候、不同的资源和不同的人共同塑造了当届园博会异于往届的空间特征和景观风貌。第四届江苏省（淮安）园艺博览会博览园选址于钵池山公园，将园林文化与水文化相结合，重现钵池山昔日的风韵，塑造出依山傍水的山林景观，并将水文化融于各项活动中，淋漓尽致地展现了淮安"运河之城"的

第九届江苏省（苏州）园艺博览会：假山园（上）、盆景园（下）

特色；第八届江苏省（镇江）园艺博览会选址于滨江，以长江湿地为特色，以长江文化为底蕴，将博览园建设成具有鲜明滨江城市特色的精品园林绿地；第九届江苏省（苏州）园艺博览会则充分展现江南水乡的景观特色，将传统造园艺术和江南水乡完美融合，营造一届具有浓郁江南水韵特色的园博会。

第十届江苏省（扬州）园艺博览会以《园冶》文化为依托，规划建设园冶园，依据《江苏省城乡空间特色战略规划》中江苏五大亚文化分区塑造了具有地域文化特色的城市展园和地景艺术。以《园冶》文化为依托，突出《园冶》成书之乡的地方特征，将云鹭湖中心岛规划为园冶园，展示中国园林天人合一、物我交融的艺术特色，展现扬州独一无二的园林特点。

第十届江苏省（扬州）园艺博览会：营建园冶园与江苏地景

3.4 创新的园博

园博会跟随着时代脚步，不断探索创新，为园林绿化行业提供新思路和新方向。在创新办会模式上，基于开放的思路、开阔的视野和开拓的魄力，通过参展主体多元化、经营方式产业化、运作手段市场化，致力推动多方合作，实现了会展品牌的外延拓展和内涵提升。在创新建园模式上，强调尊重地域特征、彰显个性特色，不搞风格相似的园林复

制，通过竞赛设奖等措施，鼓励大胆创新创造。在创新造园艺术上，突出新材料、新技术、新工艺与造园艺术的完美结合，充分运用园林造景新的表现形式和表现手法，不断推陈出新，实现传承发展。

生态湿地营造与示范

第八届江苏省（镇江）园艺博览会博览园采用现代造园手法，利用扬中市作为"水上花园城市"的优势、基地滨江傍水的特点，以及江堤场地高差大等特征，重点打造"水上园博""湿地园博""立体园博"三大生态型景观。充分挖掘滨江文化，运用生态、节能、环保等绿色科技，呈现"江伴园、

第八届江苏省（镇江）园艺博览会：岩生花园与湿地花园

第十届江苏省（扬州）园艺博览会：木结构建筑与绿色建造

园融水、水蕴绿"的空间布局特色，建成示范性、先进性、观赏性相结合，具有鲜明地域特色的滨江生态湿地公园。种植上强调植物多样性建设和节约

型绿地建设，大量应用湿生植物、自繁衍草花、观赏草、岩生、沙生植物等管养维护要求较低的绿化材料。本届博览园面积不大，仅60余公顷，但汇聚了500多个品种、10万多株植物，并尝试了新型生态绿墙、绿雕、容器苗等绿化快速成景技术应用。

海绵技术应用与实践

第九届江苏省（苏州）园艺博览会通过系统规划、整体设计来全面落实"海绵城市"理念，从研究全园汇水竖向关系入手，积极探索与尝试生态园林技术应用实践，针对江南水网地区绿地建设的雨水自然渗、蓄、净、排提供了示范样本，

第八届江苏省（镇江）园艺博览会：湿生植物园

第九届江苏省（苏州）园艺博览会：海绵技术应用、实践与科普

生态技术，艺术呈现。在规划建设过程中始终强调海绵技术应用与景观的有机融合，强调雨水系统的专业统筹与系统设计，充分发挥绿地的生态

功能作用，强调园林绿地建设的功能性和海绵技术应用的适宜性、科学性与艺术性，并在博览园公共空间景观绿地和城市参展作品中进行了全面实践。同时，结合室内外海绵专题科普展示，传递科学发展和生态文明理念，以此将博览园打造成江苏省第一个集中展示海绵技术应用的示范园。基于本届园博会实践，总结形成《江苏省公园绿地海绵技术应用导则》，并在全省推广应用。

工业遗存活化与利用

第十一届江苏省（南京）园艺博览会博览园在保护中活化利用工业遗存。作为工业文化的重要载体，原银佳和昆元白水泥厂见证了南京的工业化和城市化发展进程，承载着特有的时代记忆。规划基于减量集约、绿色生态的原则，将工业遗产保护作为文化产业与新景观的生长点，采用综合复兴模式，通过分类分级保护、优化交通联系和系统更新

第十一届江苏省（南京）园艺博览会：时光艺谷工业遗存更新利用

利用，植入文化艺术、展览展示、购物休闲和旅游度假等复合功能，将其作为园博会主展馆和开闭幕式主场地，同时结合竖向设计、建筑立面改造和立体景观营造，力图塑造工业场景中的"垂直森林"，让工业遗产转型、再生并充分发挥其多元价值。

3.5 人民的园博

传统园林大多为私家宅院，远离普通百姓，博览园的建设则是在开敞的空间塑造开放的园林景观，面向全社会展示园林艺术精华，使园林成为服务大众的公共艺术，为广大群众带来看得见、摸得着、享受得到的实惠。经过了多届的实践探索，园博会逐渐形成了一套卓有成效的管理机制和运营模式，以惠民为导向，使场地能够更好地发挥多元价值，实现博览园向公园方向转变，持续放大园博效应，为百姓服务。

提高大众参与度

每届园博会都把普及园林知识、传承人文精神、传播现代文明作为重要内容，让更多市民了解园博、支持园博、参与园博，使园林园艺成为服务大众的公共艺术。通过媒体宣传推介和教育实践活

第九届江苏省（苏州）园艺博览会：展示传统园林园艺知识

动，让广大市民了解园博知识，提升市民的文明素养；通过经常性举办花事园艺活动，引导花卉进入千家万户，开展庭院、阳台、露台绿化美化，发挥园林园艺在扮美城市生活、提高全社会审美能力方面的积极作用。通过举办插花、盆景、赏石、书画、摄影等专题展览和园林园艺科技论坛，传授插花艺术、植物布展、园艺栽培等知识，通过培育和引导形成消费新趋势、品质生活新元素。

历届园博会都强调求教与众，倾听民众声音，通过各类园艺科普、互动活动的举办，走社区、进校园、办学堂、做讲演，让大众了解园博会，通过庭院绿化展、城市阳台展、家庭插花课堂等多种实体展示示范，让大众体验园博会，园艺已经成为大众的一种生活内容、生活追求和生活方式。

第九届江苏省（苏州）园艺博览会：阳台园艺展

提升人民幸福感

博览园的选址着眼城市未来发展，为市民休闲出游和外地游客观光旅游提供美好场所。博览园的功能开发注重科学定位和个性特色，积极融入观光休闲、购物消费、科普教育和旅游度假等复合功能，实现了专业性与群众性、艺术性与民生性的有效结合。博览园建成后永续利用，免费

开放，成为城市名副其实的"绿色客厅"，为市民留下了永久性的生态福利，创造了全民共建、共享的绿色家园，提升了人民的幸福感。

园博会是"人"与"园"的盛会，无论是在园博会期间，还是会后转型的城市公园，都十分注重与游客的互动体验，这种互动不仅存在于室内展示中，也存在于室外景观和丰富的游客互动活动中。第十届江苏省（扬州）园艺博览会在规划设计阶段，策划了许多互动游览设施。博览园在民俗村北侧规划了一片"童乐"空间（"绿荫拾趣"景点），着重表达园林与大众生活之间的关系，展现园林中的"百变生活"，园中设置"广场舞空间""阅读空间""社交空间"等与大众生活息息相关的生活空间，此外，还设置了众多互动设施，提升游客游览体验，丰富博览园趣味性与内涵性。

第十届江苏省（扬州）园艺博览会：童乐园

第十一届江苏省（南京）园艺博览会：水下植物园展览

4 园博未来

传承与创新是园博会的永恒主题，在新的时代背景下，如何去探索、转型和发展才能始终保持其特色与活力？在新时期的城镇化建设过程中，如何营建高品质的绿色空间，实现人与自然和谐共生？在美丽宜居城市建设过程中，如何不断增强人民群众的获得感、幸福感和安全感？这些都是关乎江苏园博未来能否保持持续生命力和体现更大价值的重要命题，也需要我们认真思考和回答。

4.1 实践中的倡议共识

博览园的建设，传承了园林文化艺术精粹，营建了自然诗意的景观环境，塑造了人民群众向往的美好空间。通过集中展示和交流，带动了园林园艺设计和建设水平的提升，增进了社会和大众对园林文化的了解和共识，也推动了园林绿化

事业的发展，是走百姓现实生活的桃花源。

结合江苏省绿色城乡建设的不断实践和20多年来园博会的办会经验，2021年5月，春夏之交繁花盛开时，江苏省住房和城乡建设厅联合中共江苏省委宣传部、中国风景园林学会、中国建筑学会、中国公园协会5家单位共同发起了《增强城市园林绿化的多元功能　营建人与自然和谐共生的美丽家园——新发展阶段城市园林绿化江苏

一路芬芳 | 园博总览

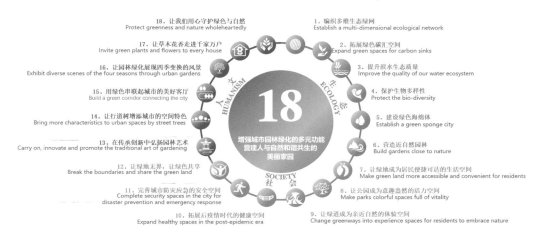

园博图鉴——新时代江苏园博精品

倡议（2021）》(以下简称《江苏倡议（2021）》），即希望在迈向全面建设社会主义现代化国家的新征程上，通过行业共识的达成，提升全社会的广泛认知，建设更多与时代发展同步的高品质园林绿化和景观风貌，让城市园林绿化更绿色生态、更功能多元、更美好宜人，进一步提升其多元价值，发挥其维育生态质量、优化人居环境、增进百姓福祉的综合功能，共同致力推动建设人与自然和谐共生的美丽家园。

为应对全球共同面临的气候变化、生态危机以及疫情和健康问题，联合国先后发布了《与自然和平相处报告》《全球公共空间计划报告》《2022年世界城市报告》和《卡托维兹行动宣言》等文件，国际风景园林师联合会发布了《IFLA气候行动承诺（2021）》。党的二十大报告也明确指出，中国式现代化是人与自然和谐共生的现代化。尊重自然、顺应自然、保护自然，是全面建设社会主义现代化国家的内在要求。必须牢固树立和践行绿水青山就是金山银山的理念，站在人与自然和谐共生的高度谋划发展。这是中国坚持绿色低碳发展、推动建设清洁美丽世界的积极行动。

为实现城市、人与自然和谐共生的共同目标，江苏和全国各省市、全球各国家地区一样，一直在探索和实践。为深入贯彻党的二十大精神，积极应对全球共同面临的气候变化、生态危机以及疫情和健康的挑战，结合江苏坚持生态优先、绿色发展，致力于人居环境改善和园林文化传承的实践和思考，以及《江苏倡议（2021）》形成的行业共识与社会认知，充分吸收国内外发展趋势和主张，面向"人与自然和谐共生的中国式现代化"要求，响应2022年世界城市日"行动，从地方走

共建绿色健康人文的城市家园 · 江苏共识（2022）

Build a Green, Healthy and Humanistic City Home Together · Jiangsu Consensus (2022)

1. 以生态修复营造良好生境
Create a good habitat by ecological restoration

2. 让城市与自然有机连接
Let the city and its natural environment connect organically

3. 引导人与自然的良性互动
Guide the benign interaction between man and nature

4. 让自然风景成为生活场景
Let the natural scenery become the scene of life

5. 以绿地弹性提升城市安全韧性
Improve urban security resilience with the help of green space flexibility

6. 拓展健康空间疗愈都市生活
Expand healthy space to heal urban life

7. 营造诗意美好的园林景观
Create a poetic and beautiful garden landscape

8. 公众参与共建美好空间
Public participation in building a beautiful space

9. 走出家门乐享绿色生活
Go out of the house and enjoy a green life

9 2022 江苏共识

绿色 GREEN
健康 HEALTHY
文化 CULTURAL

向全球 Act Local to Go Global"的主题，江苏省住房和城乡建设厅再次联合江苏省人民政府外事办公室、中国风景园林学会、中国建筑学会、中国公园协会，在"2022国际城市与城镇绿色创新发展大会·共建绿色健康人文的生态园林城市分论坛"上发布了《共建绿色健康人文的城市家园·江苏共识（2022）》，从绿色、健康、人文三个维度，呼吁全球城市共同探索高密度城市的人居环境可持续发展之道，以实现"全球永续城市发展承诺"，引导世界走向一个韧性、公正和可持续的城市未来，得到国内外专家和代表高度认可并响应支持国际共识。

4.2 转型中的未来园博

以习近平新时代中国特色社会主义思想为指导，深入贯彻落实党的二十大精神，完整、准确、全面贯彻新发展理念，牢固树立以人民为中心的发展思想，探索江苏园博转型发展新路径、新模式、新机制，推动人与自然和谐共生的中国式现代化江苏新实践。

总体思路

进一步发挥园博会对城市人居环境改善、功能品质提升、园林文化传承、绿色低碳发展等方面的综合促进作用，以"会""展""园"为主要载体，积极回应城市更新、绿色城乡建设等要求，弘扬发展中国传统园林文化精髓，创新营建大众生活空间和场所，使其成为绿色城乡建设的综合实践和样板工程。

拓展"会"的维度：从办会的时间、空间、形

式、内容和参会对象等多个维度进行拓展，打造行业盛会和城市节庆新品牌，推动形成策划、建设、评价全过程管理的系统机制；形成以点带面、多点融合，并与其他赛事、展会、活动等城市大事件相结合的联动机制；形成政府主导、行业支持、大众参与的全民机制，打造"全城园博"。

丰富"展"的内涵：面向相关行业组织、企业、高校和社会大众，以丰富的参展内容和展会活动，为园博会持续注入活力，为行业交流提供多元平台，打造江苏"园林·艺术·生活"系列活动新品牌。通过多元的主题策划，借助多样化展会空间和平台，鼓励行业跨界参与，以室内展览、室外展示和云上展会等多种形式，打造"活力园博"。

活跃"园"的形式：扩大办会视野，面向大众生活，营造多样场景，实现生态价值转化。控制建园规模，打破空间边界，从单点到多点，从单一建园转向系统串园，以绿道、林荫道、风景路系统串联城市综合公园、社区公园、街头绿地和口袋公园等公园绿地，缝合织补城市空间，让绿色渗透城市，让城市融入自然，打造"无界园博"。

选题与选址

注重申办前期总体策划工作，园博会选题与选址应充分结合时代发展要求和城市发展诉求，体现多元性、生态性和参与性。以办会为契机，传承城市历史文脉、优化城市功能布局、提升城市建设品质、改善城市人居环境、塑造城市特色风貌，为城市带来发展红利。

因城而异，强调多元性。根据城市实际，园博会选题与主会场、分会场等展区的选址不局限

于既往模式，充分结合生态园林城市建设等创建工作和城市更新、乐享园林建设、海绵城市建设、城市林荫系统建设、城市风景道建设等常态化城市建设活动精心谋划，统筹推进，实现建园、办展、活动形式多样化，功能、效益多元化。

因地制宜，注重生态性。充分体现生态、低碳和节约理念，紧跟行业发展前沿。结合地域特征、城市特色和场地条件，通过办会为城市编织多维生态绿网，拓展绿色碳汇空间，提升滨水生态质量和生物多样性，建设绿色海绵体，营造近自然园林空间，以生态修复、空间织补、功能完善等综合手段提升园林绿化绿色低碳的生态功能。

普惠于民，体现参与性。贴近百姓生活，鼓励大众参与，让园林园艺成为服务大众的公共艺术。注重生活化内容展示与体验，倡导绿色健康生活方式，发挥园林园艺在扮美城市生活、传播绿色健康理念、提升生态文明认知、提高大众审美等方面的积极作用。引导园艺走进家庭，开展庭院、阳台、露台、街道、社区等各类生活空间的绿化美化活动，使园林园艺产品成为大众消费新趋势、品质生活新元素，形成全民共建、全民共享的良好氛围。

建园与办会

注重园博会策划、规划、建设和活动的全过程统筹，坚持绿色、可持续的办会理念，突出建园、办会的集约性、复合性和生长性。集约利用城市存量资源，弹性转换会间会后功能，高效推进"后园博"可持续运营、管理。

存量更新，突出集约性。聚焦城市建设中的突出问题，优先考虑生态建设的薄弱区域，鼓励

结合生态修复、城市更新、遗产保护与利用，统筹推进建园与办会，合理控制新建展园、展馆规模，通过对低效用地、存量设施等的科学评估、产权归集和运营策划，集约利用存量土地资源，活化利用低效土地和存量资产。

弹性规划，强化复合性。鼓励采用灵活、多样的办会模式，通过业态策划、展示策划、活动策划，注重与相关产业的融合，用地使用永久性与临时性相结合，设施布局集中与分散相结合，突出用地、设施的功能复合性和兼容性。

持续利用，重视生长性。统筹考虑会前策划和会后利用，重视"会、展、园"的生长性。注重前期经济测算与分析，理清园博会专项投入与城建计划投入的关系，提溢出效益。通过全生命周期的系统谋划，结合城市重大活动和发展战略，从短期展会向长期连续性、常态化节庆活动延展。

活动与宣传

积极开展办会活动组织与宣传，注重广泛吸纳社会资源，大力促进行业交流，积极调动全民参与，丰富活动形式和内容，拓展宣传媒介与手段。

百花齐放，坚持开放性。以开放的思路、开阔的视野和开拓的魄力推进城市、企业、高校、团体等多方合作。鼓励"一主多辅，百花齐放"的综合办会模式，不限于常规园事、花事活动，鼓励以园林绿化行业为主体的跨行业交流互鉴以及与设计竞赛、技能竞赛等各类赛事、节事活动相结合的联合办会模式，放大"园博+"效应。

多方参与，凸显综合性。充分利用广播、电视、网络、自媒体等现代融媒体对园博会进行全

方位宣传、推广，结合展会主题开展多元参与的科技论坛、文化推广、学术交流、技能竞赛、技艺展演等活动。结合各地园林绿化实践成果征集，公布一批"最有人气的绿道""最美花街/花墙/林荫路"等优秀案例，丰富展评内容，展示建设成果。

在《江苏倡议（2021）》和《江苏共识（2022）》的指引下，江苏园博的平台将更加开放、更加多元、更加融合、更加广阔，未来的园博会将在中国式现代化的新征程上继续擘画人与自然和谐的新图景，创造美好生活的空间，描绘明天的文化景观，营建大众的精神家园。

参考书目及文章

[1] 江苏省住房和城乡建设厅.造园·匠心·筑梦：江苏省园艺博览会实践与创新[M].南京：东南大学出版社，2018：221.

[2] 江苏省城市规划设计研究院.园博之道：博览园规划设计创意与实践[M].南京：东南大学出版社，2019：210.

[3] 郭方明.走进世博会[M].昆明：云南人民出版社，1998：198.

[4] 江苏省住房和城乡建设厅.园博集萃：第十三届中国（徐州）国际园林博览会院士大师作品集[J].东方文化周刊，2023(3).

[5] 陶亮，孟静，李威.第11届江苏省园博园总体规划综述[J].建筑学报，2022(8)：06-11.

華林尋芳　絲路金陵　江南絲韻　寄暢馨香　梁台晚月　流雲山色　幽然居　雲在茶香　滄浪問水　小築春深

林境詩語　西游尋蹤　清晏唱晚　月湖鄉韻　春台明月　九峯生煙　月橋廣陵　渚堤頌歌　日沙觀英　松台吟歌

02

竞 相 绽 放

城 市 展 园

华林寻芳

重现繁华绮丽的六朝帝苑

**第十一届江苏省（南京）园艺博览会
南京园**

项目地点 / Location
南京市江宁区汤山

建成时间 / Built Time
2021年

项目规模 / Scale
10400平方米

建设单位 / Construction Institution
江苏园博园建设开发有限公司

设计单位 / Design Institution
东南大学建筑设计研究院有限公司

设计人员 / Designer
陈 薇 胡 石 和嗣佳 邵星宇 杨 波 杨 舜
孙晓倩 李 威 李 斌

施工单位 / Constructed by
中国建筑第八工程局有限公司

相关奖项 / Awards
第十一届江苏省（南京）园艺博览会造园艺术综合奖
特等奖，技术创新、植物配置、建筑小品单项奖
2022年江苏省城乡建设系统优秀勘察设计（园林
绿化工程设计）一等奖

园博图鉴——新时代江苏园博精品

区位图

总体鸟瞰场景

南京园主景-景阳楼

南京园主景-天渊池

竞相绽放 | 城市展园

总体概况

华林寻芳为第十一届江苏省（南京）园博会南京园，位于城市展园入口对景之高台上，背倚大山，前临深湖，重楼茂树，再现皇家气度。南京园高阁"景阳楼"蔚为壮观，有"高远"之风，又有镇守之势，是城市展园的核心和视觉聚焦点，其他诸园和场地重要节点多向其借景。园中的景阳楼和连玉阁，既是观景场所，也是被观对象，园内园外皆为主景；青芜馆和被禊堂具有六朝时期建筑的简朴特征和活动功能属性，也为当下开展休憩、饮茶、吟诗作赋提供了佳地和环境优雅的场所。

景阳楼

设计构思

华林园不仅是六朝皇家园林和自然园林滥觞的代表，更是南北方文化在南京传递交融的标志。此次设计吸收了秦汉皇家园林起高楼和大池仙岛的布局，着重表现寻芳而自然的华林园品性。

芳踪院

从景阳楼对望被禊堂

连玉阁

景阳楼侧景

创新亮点

再现了六朝帝苑，华林盛景。园林布局采用一池三山模式，舒朗高畅。假山上有茂树秀林，彰显皇家园林之气度，应和六朝时期飘逸淡泊的园林意向。

手绘效果图

局部人视实景图

各方声音

寻芳，寻的是一种气息，华林寻芳，寻的是六朝皇家园林的大气、品味、阔水、明朗，于是有了景阳楼的高耸，一池三岛的格局，从容不迫的散淡，视野宏阔的平台。白天水烟生起，有仙境之妙曼；夜晚华灯初上，钴蓝、朱红、银白、暖黄色调切换，将华林意味渲染开来。

——陈薇 | 江苏省设计大师、东南大学建筑学院教授

自2021年4月运营以来，城市展园以其因地巧构再现芳华的巧妙构思，将废弃矿区变成了再现中式美学的立体园林，一经开放就成了园区内最受欢迎的景点之一，获得了极佳的社会反响，也是园区内名副其实的"网红打卡地"。城市展园作为历届园博会的主体项目，如何推陈出新、富有吸引力是创作和运营的难点。陈薇教授团队的规划设计不落案臼，既紧扣会展主题，又在传统园林文化的根基上大胆创意，展现了江苏园林文化在新时代的新面貌，为园博盛会增添了独特亮点和运营灵活性，为广大市民朋友提供了一处可游可居可品的场所，为我们带来了良好的经济收益。

——江苏园博园建设开发有限公司

丝路金陵

文智融合的未来创新园

第十二届江苏省（连云港）园艺博览会
南京园

项目地点 / Location
连云港海州区云台农场

建成时间 / Built Time
2023 年

项目规模 / Scale
8000 平方米

建设单位 / Construction Institution
南京市绿化园林局

设计单位 / Design Institution
南京市园林规划设计院有限责任公司

设计人员 / Designer
李 平　陈 伟　刘惠杰　钱逸琼　徐子钧　崔艳琳
朱宇轩　邵俊昌　丁 驯　许志焕　杜小妍

施工单位 / Constructed by
江苏杞林生态环境建设有限公司

相关奖项 / Awards
第十二届江苏省（连云港）园艺博览会造园艺术综合奖特等奖，规划设计、工程施工、建筑小品、技术创新单项奖

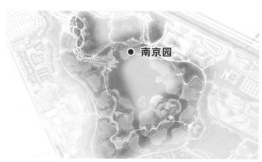

区位图

总体鸟瞰场景

总体概况

丝路金陵为第十二届江苏省（连云港）园博会南京园，位于园博会核心区"云栖筑梦"展区，占地面积约8000平方米。设计依据总体规划要求，契合园博会主题，传承丝路文化；聚焦南京展园主题，探索智慧景观。通过科技与园艺的融合，打造集园艺博览、生态休闲、互动体验于一体的智慧景观园。展园实施内容包括土壤改良、场地竖向、建筑设施、小品雕塑、园林绿化、智慧展陈、水电结构工程等。

南京园主景 - 蓄力扬帆

设计构思

南京园以"丝路金陵"的智慧景观为主题，以"园林特色风貌展示、丝绸之路文化感知、智慧园林运用示范"为目标，构建双线并行、文智融合的游览空间。全园选定与丝路金陵智慧主题最紧密"过洋牵星术"（中国古代航海所用天文观察导航技术）为核心要素，让游客在展卷、扬帆、远航的一环三点的景观结构中，体验"天赐要津""蓄力扬帆""大国之智""筑梦金陵"等主题场景，感受并探索科技、智慧与园林的契合。

植物花镜

南京园主景-牵星远航

创新亮点

南京展园以文智融合，低碳生态的理念为导向，将"丝路金陵"南京城市文化融入智慧设施，将生态新技术、新材料应用于南京展园空间，让游客在滨水自然的生态环境中通过游赏结合的形式，感知南京园林的特色风貌。全园采用"智慧园林"管理体系，通过智慧灌溉、智慧监控、土壤墒情、病虫害监测、空气监测等集成系统实现展园在展览期间及后续的管养工作；智慧游览通过信息导览、红外感应导览、互动探索体验、智慧服务设施、室内沉浸式智慧展陈体验等方式，让游人在循序渐进中体验南京展园的智慧主题。项目采用EPC建设模式，将设计、采购、施工高效统筹，实现了对建设项目的进度、成本和质量的控制，提高了建设效率。

各方声音

南京展园以"丝路金陵"的智慧景观为主题,以"园林特色风貌展示、丝路文化感知、智慧技术运用"为目标,建构园林空间,园林中点缀"过洋牵星术"、展卷、扬帆、远航等景观节点,用以表现"天赐要津""蓄力扬帆""大国之智""筑梦金陵"四大主题场景。全园空间组织聚散开合、变化丰富,竖向处理得当,园林空间与建筑小品结合过渡自然。此外,展园设计积极运用数字技术与3D打印等新技术,在丰富园林景观的同时展现新技术的魅力。

——成玉宁 | 江苏省设计大师、东南大学建筑学院景观学系主任

江南丝韵

青桑沃若，吴蚕络茧

**第十二届江苏省（连云港）园艺博览会
无锡园**

项目地点 / Location
连云港海州区云台农场

建成时间 / Built Time
2023年

项目规模 / Scale
7300平方米

建设单位 / Construction Institution
无锡市市政和园林局

设计单位 / Design Institution
江苏优码工程设计有限公司

设计人员 / Designer
吴惠良　朱　棣　谭晓艳　刘　冬　王凯华

施工单位 / Constructed by
江苏锡洲园林建设有限公司

相关奖项 / Awards
第十二届江苏省（连云港）园艺博览会造园艺术综
合奖一等奖，建筑小品单项奖

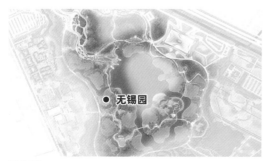

区位图

入口主景

竞相绽放 ── 城市展园

总体概况

江南丝韵为第十二届江苏省（连云港）园博会无锡园，位于园博核心区"文化印迹"展区，以"从'一片桑叶'到'丝绸之路'的故事"为文化主线，开启无锡展园"蚕桑人家"之旅，导览先人桑蚕生产生活场景以及走向近代缫丝工业文明和走向世界"丝绸之路"的轨迹。立足江南园林，链接丝绸之路，将其打造成沉浸式江南种桑养蚕文化复合式展区，向人们展示桑蚕文化的魅力。

桑蚕人家

设计构思

无锡园在建筑空间上采取了江南传统庭院式布局设计，分为入口庭院、核心庭院和次庭院三个空间结构。主入口庭院设门洞，与内部的茶坊、石板桥、朴树等构成框景，满园诗意，若隐若现，引人入胜。中部主景区乃核心庭院为围合式多栋建筑，布局结构严谨，东侧"桑梓茶坊"厅堂秀丽；南侧"蚕桑人家"与西侧"泰顺绸庄"两栋建筑连廊相接，形成建筑室内到室外的过渡空间，沿途设置花石竹木，形成一个具有诗情画意的园林宜居空间；北侧"桑蚕码头"巧借远山和"苏州园"，景收园内，达到以小见大、水天一色的景观效果。

"园无水不活"，无锡园引外部湖水入园，形成园内池塘，环绕池塘一周形成洄游路线作为游览观赏线，连接南部次庭院的"流光丝绸"，至此将全部风景画面串连成连续展开的长卷，秀美绮丽，呈现出一幅江南蚕桑人家的美好生活场景。

丝绸码头

江南丝意

创新亮点

文化布展设计富有新意，全面展示丝绸文化。"敞轩"介绍江南桑蚕文化；"桑梓茶坊"品桑蚕，看室外吴哥表演，墙面展示植桑的历史变迁、生产技术，以及桑的当代价值与文化内涵；"蚕桑人家"展厅展示采桑—喂蚕—纺织—染色—制衣的工艺流程；"江南丝意"体验馆木质缫丝车使用演示、体验传统手工缫丝，介绍缫丝的历史、技艺以及工具；"绸缎雅集"销售厅展示蚕丝在现代产业中的应用，墙面展示蚕丝的多种功能和丝品修复技艺。

公共艺术和文化活动设计体验性和趣味性高。桑林寻宝活动收集丛林中桑叶吊牌可兑换领养蚕宝宝；桑蚕主题艺术装置如蚕形艺术装置、晾晒蚕丝的艺术装置、丝绸码头艺术装置等。沉浸式体验古香古色的无锡桑蚕农家沉浸式体验：无锡丝码头文化展示、丝路情景雕塑展示、蚕桑人家场景再现、与蚕宝宝的近距离接触、体验古代丝织过程、游客锡绣体验。

寄畅攀香

巧于因借，咫尺山林

第十一届江苏省（南京）园艺博览会
无锡园

项目地点 / Location
南京市江宁区汤山

建成时间 / Built Time
2021年

项目规模 / Scale
2500平方米

建设单位 / Construction Institution
江苏园博园建设开发有限公司

设计单位 / Design Institution
东南大学建筑设计研究院有限公司

设计人员 / Designer
陈　薇　贾亭立　是　霏　胡　石　周陈凯
叶　飞　华　好　李　威　李　斌

施工单位 / Constructed by
中国建筑第八工程局有限公司

相关奖项 / Awards
第十一届江苏省（南京）园艺博览会造园艺术综合奖
一等奖
2022年江苏省城乡建设系统优秀勘察设计（园林绿化
工程设计）一等奖

区位图

总体鸟瞰场景

园内借景南京园景阳楼

寄畅攀香

竞相绽放——城市展园

总体概况

寄畅攀香为第十一届江苏省（南京）园博会无锡园，属于"五区十三园"的"江南区"，位于山麓，是城市展园的腹地中心，南望南京园景阳楼犹如邻家，北观自然山石峰峦叠嶂。

设计构思

该园以寄畅园意境为创作主题，布局上充分展现借景之妙用。在任何一处，平视可观园内的秀丽景色，抬眼则可览园外的大场景，是方寸之地造咫尺山林的代表，也应了寄畅园叠山引水、巧于因借的意趣。

由入口深翠看园内

无锡园总平面图

创新亮点

无锡园规模不大，以布局精巧应和寄畅名园善于因借的意趣。园内以水池为中心，主要建筑绕池而建，一座座清秀的木构建筑，用材讲究，做法地道，十分雅致。池西侧入口深翠向北延伸一道折廊连接知鱼槛，隔出一侧窄院，静谧芬芳，与中心水面的疏朗开敞形成对比。在知鱼槛凭栏抬望，景阳高楼挺拔山巅，倒影静入池中。出知鱼槛跨石桥到园中主厅嘉树堂，紧临池东岸，堂前平台开阔，尽赏园内景致。池南叠石堆山，山间"曲涧"，引园外大湖之水，穿行击石，汇入园内大池。假山东南掩映一方偏院，幽敞精致，形成次入口。池西南为土岗，遍植梅花，岗顶设亭，采用钢木结构，织物增强树脂顶面，轻盈飘逸，将当代建筑材料加工工艺与传统园林建筑相结合，为园内增添一抹亮色。

实景照片

园
博
图
鉴
——
新
时
代
江
苏
园
博
精
品

知鱼槛和嘉树堂

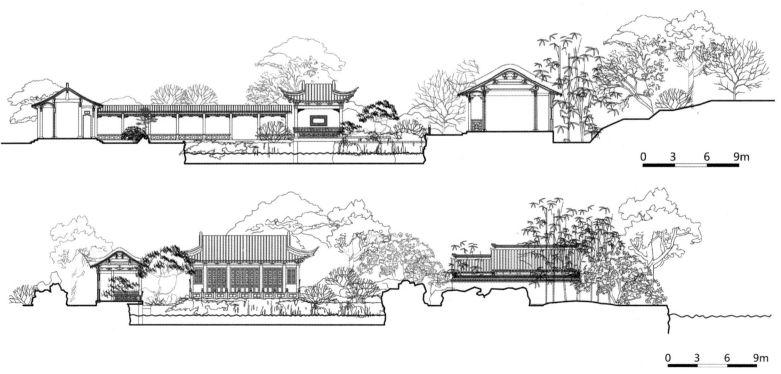

剖立面图

实景照片

梁台晓月

追本溯源、文化寻根的徐派园林

第十三届中国（徐州）国际园林博览会
徐州园

项目地点 / Location
徐州市铜山区吕梁山

建成时间 / Built Time
2022 年

项目规模 / Scale
38911 平方米

建设单位 / Construction Institution
徐州新盛园博园建设发展有限公司

设计单位 / Design Institution
苏州园林设计院股份有限公司

设计人员 / Designer
贺风春　杨家康　杨　明　刘　露　王之峥
孙丽娜　郑善义　戴志杰　向少云

施工单位 / Constructed by
中建三局集团有限公司
江苏九州生态科技股份有限公司

相关奖项 / Awards
第十三届中国（徐州）国际园林博览会最佳展园、最佳
设计展园、最佳施工展园、优秀植物配置展园、最佳
建筑小品展园、优秀室内布展展园、最佳园博会创新
项目

区位图

总体鸟瞰场景

总体概况

梁台晓月为第十三届中国（徐州）国际园林博览会徐州园，它是一座溯源徐派园林根脉、展现徐派园林造园技艺的具有中国传统园林风貌的展园。它既有北方园林的大气恢宏，又有南方园林的秀丽俊朗，彰显徐州"楚风汉韵、南秀北雄"的城市气质。

展园特色鲜明，独树一帜。融合徐州地域文化，以徐州历史文脉为线索，通过特色文化符号讲好徐州和徐派园林的故事，展现徐派园林的悠悠古韵，以园林为载体让城市留下记忆，传承文明、延续文脉；用现代技术手法演绎传统园林经典之美，在造园材料、工艺技法、植物配置、智慧园林等营造技艺上进行继承与创新，续写徐派园林发展新篇章，与时俱进，创新发展。

竞相绽放 ｜ 城市展园

徐州园入口实景

实景照片

设计构思

"古法新作"，用现代技术演绎传统经典之美。园林建筑风格以新汉风建筑为主，重点展现悬水建筑。将传统的汉代建筑与当下建筑新技术新材料相结合，既展现汉代园林建筑的传统神韵，又体现结构技术上的时代创新，同时将"新材料、新技术、新设备、新工艺"的"四新"理念融入其中，实现"新"与"汉"的完美融合。

"生态自然"，对话人与自然再创和谐经典。秉承生态节约型园林的理念，尽量选用当地造园材料，充分利用地方材料进行叠山理水。叠石采用厚重秀雅、醇厚凝重的当地绵阳石，融真山假山于一体，整体展现北雄气势；理水模拟自然的石山小涧，依山形地势贯通场地水脉，将自然景观与人文景观融为一体，体现"天人合一"的造园理念。

创新亮点

"三段集锦"——总体布局采用轴线三段式空间布局形式。主要园林建筑均位于中轴线上，景观层层递进，画面依次展开；同时以徐派园林发展的三个重要历史时段为切入点，形成台地城苑、汉代庭园、山水诗园三个园林叙事篇章，展现徐派园林不同历史阶段的造园特色和艺术成就。

南部台地城苑以徐派园林文化的源头运女河和梁王城为灵感，采用高台筑园的形式展现徐派园林的起源脉络，表达祈求风调雨顺的美好愿望和徐州深厚的"仁"文化。

北部山水诗园以写意山水景观取胜，充满诗情画意，整体追求舒朗而意境简远。以精湛的叠石理水技艺，结合摩崖题刻的形式，展现徐派园林的朴拙雅致之美。

中部汉代庭园借鉴中国园林的"一池三山"经典造园模式，以水池为中心，池中耸立三座小岛，岛上灵鹤怪石，奇木瑞草，尽在眼前，境似瀛湖；池周边辅以溪涧、水谷、山泉等，山径、小桥穿插其间，步移景异，美不胜收。园林建筑绕水而设，由斗拱支撑高悬于水面，形成高台悬园的独特景观。

各方声音

徐州园以"台地城苑、汉代庭园、山水诗园"的"三段集锦"式布局，彰显徐州园林具有的"南秀北雄"艺术特色；"古法新作"结合自然生态的造园技术，体现园林文化传承与技术创新，述说着徐派园林的过去与未来。

——贺风春 | 江苏省设计大师、苏州园林设计院股份有限公司董事长

竞相绽放 — 城市展园

实景照片

流云山色

打造立体生动的新江南山水

第九届江苏省（苏州）园艺博览会
常州园

项目地点 / Location
苏州市吴中区临湖镇

建成时间 / Built Time
2016年

项目规模 / Scale
4200平方米

建设单位 / Construction Institution
常州市园林绿化管理局

设计单位 / Design Institution
常州市园林设计院有限公司

设计人员 / Designer
吴克亮　蒋婉蓉　季小玲　李　雯　高光耀　沈晓峰
孙舒妍　杨　涟

施工单位 / Constructed by
常州市红梅公园管理处

相关奖项 / Awards
第九届江苏省（苏州）园艺博览会造园艺术综合奖一
等奖

区位图

● 常州园

总体鸟瞰场景

总体概况

流云山色为第九届江苏省（苏州）园博会常州园，位于"墨趣"片区。展园力求表现山水画中云雾氤氲、山林幽深的意境，力求为游客唱一曲生动立体的新江南山水小调。整个展园地形高差较大，游人可踏看青石板铺设的小径沿山而上，山顶设计一组"林中山居"，袅袅炊烟，溪水从院前缓缓流淌而过，庭院之内种有紫荆、杜鹃、绣线菊、梨花，一幅"采菊东篱下，悠然见南山"的淳朴乡野生活画卷跃然眼前。溪水从山上源头涌出，层层跌落，水声清越，顺地形蜿蜒而下汇入"多彩七溪"中的青溪，取名"石壁流淙"。在山涧溪水汇流之处，建有一座风格古朴的河埠头，取名"水调埠头"，游人在此可观水、可远眺、可小憩。 此外，园中还精心布置了"竹林曲径"等场景供游人体验观赏。

设计构思

展园紧扣"流云山色"主题,通过山水画提炼本次设计景观元素"山居、山石、溪流、埠头",以山居为基本素材,创造山林生活场景,表现山水画中对于云雾、山林的表达,融入相应场景感知与互动体验内容,打造立体生动的"流云山水"新江南山水图。

创新亮点

常州园点题之作"流云山色"景点,模拟常州自然原生状态山、石、水互相交融的状态——潺潺清泉自山涧跌落而下,山体土包石,石包土,相融而生;松之劲、花之鲜,各类植物刚劲并济、色彩斑斓;再配上雾森营造的团团白雾,犹如白云朵朵,展现在游人眼前一幅如梦如幻、立体、生态的"流云山色"新江南山水图。常州展园依靠地形,采用自然排水。表面径流顺地形汇聚于"流云山色"景点,形成景观水池;园路则采用自然砾石和嵌草铺装,使雨水自然下渗,贯彻"海绵城市"建设理念,减少"灰色"管网使用。

实景照片

假山实景

各方声音

"奇石胸中百万堆，时时出手见心裁"，常州园运用戈裕良大师的代表手法，在有限空间内利用现状地形高差概括提炼自然山水，营造云雾氤氲、山林幽深的意境，呈现出一幅灵动的新江南山水图景，在展现常州古典园林艺术成就的同时，也让当代园林艺术继往开来。

—— 相西如|江苏省设计大师、江苏省规划设计集团首席技术总监

山石、植物和花卉是常州园的特色之一，5000多平方米的园区里种植了100多种乔灌木植物和花卉，考虑到常州园将会永久保留，在植物配置方面，更加注重与周围环境浑然天成，在四季流转中营造出完全不同的景观。

—— 陈晨|施工单位负责人

幽然居

"庭院深深深几许"的江南院落

第十三届中国（徐州）国际园林博览会
苏州园

项目地点 / Location
徐州市铜山区吕梁山

建成时间 / Built Time
2022年

项目规模 / Scale
4500平方米

建设单位 / Construction Institution
苏州市园林和绿化管理局

设计单位 / Design Institution
苏州园林设计院股份有限公司

设计人员 / Designer
潘 静 邱雪霏 孙丽娜 周 凯 徐基磊

施工单位 / Constructed by
苏州园林发展股份有限公司

相关奖项 / Awards
第十三届中国（徐州）国际园林博览会最佳展园、
最佳设计展园、最佳施工展园、优秀植物配置展园、
优秀建筑小品展园、最佳室内布展展园

区位图

幽然居实景

091

竞相绽放｜城市展园

总体概况

幽然居为第十三届中国（徐州）国际园林博览会苏州园，展园凸显"一峰则太华千寻，一勺则江湖万里"的苏州园林意境，设计充分利用优美的山形地势，发挥巧于因借的传统造园手法，充分展示江南园林文化空间，演绎"静赏有诗意、坐观有画意，回环却步，横生妙趣"的城市林泉生活。

园
博
图
鉴
——
新
时
代
江
苏
园
博
精
品

园内景观

设计构思

设计重点突出"庭院深深深几许"的江南院落特色，分为前院、序院、写意山水园、古典苏式园、竹园及后院共六大园林空间，院落布局主次有序、开合有致、层层递进、富于变化。从现代的雅致江南过渡到自然古朴的江南山居，以有限之空间造无限之景色。

前院：采用虚实结合的设计手法，晴朗自然、恬静清幽，主入口对景墙以传统苏式景墙为原型，打破常规开窗模式，窗洞组合结合松石盆景，营造恬静文雅之境。

序院：采用传统苏式园林的造园元素，设置园林植物，展现"疏影横斜水清浅，暗香浮动月黄昏"的四时景观。

写意山水园：以竹香馆为主，带你走进"诗意园林城"，营造"采菊东篱下，悠然见南山"的宁静悠远之感，同时融入生态海绵理念，展现古典园林的与时俱进。

古典苏式园：布局曲折幽深，隐逸静趣，秉承江南浓厚的宛曲文化之特色，展现苏州传统古典园林韵味。

竹园：以"竹"为特色，突出"宁可食无肉，不可居无竹"的雅致文化氛围。

后院：为出口，以松、竹为特色，结合蜿蜒园路形成幽远苍翠之境，金镶玉修竹夹道，曲径通幽。

创新亮点

借景有因，构园无格

苏州园因山就势，近借山水，远借高阁。以山林为背景，以山溪为源泉，循山缘水，安亭设榭，莳花绿草，表现"一迳抱幽山，居然城市间"的造园主题，形成融入自然又高于自然的境界。

写意山水，起承转合

打破传统常规苏式景墙和院落范式，用现代设计手法将庭院空间与诗画空间相结合，营造了情趣盎然、主题多变的空间感受。从展现"苏派"园林艺术的盆景墙，到"竹松承茂"的序院，再到背靠山、砂绘水，以竹为岛的半开敞写意山水院，竹径通幽至开敞古朴的山居主庭院，层层递进，横生妙趣。规则与自由，封闭与开敞，展现了"先抑后扬"的空间美、"虽由人作，宛自天开"的苏州园林艺术美。

多举融合，展园林之城

以文字、图片、装置、多媒体等多举措融合，展现苏州生态园林城市建设的成果。采用片墙立体雕刻，借景光影；以镇湖丝绢做纱幔，在室内构建不同分区及图景；九座被列为世界文化遗产的苏州园林的匾额楹联丝印在廊中展示，光影摇曳，诗意风雅。以多元文化的现代展陈，一步一景，与可居、可行、可游、可望的空间境界相得益彰。

园内景观

各方声音

苏州园随山就势，借景高阁；以写意山水园，重重庭院深，时花绿草香，共同讲述着诗意栖居的江南园林美；运用多媒体、多方法、多角度，全方位展示苏州"园林之城"的魅力，传递着"人与天调、天人共荣"的哲理。

——贺风春 | 江苏省设计大师、苏州园林设计院股份有限公司董事长

云在茶香

寻迹碧螺，感受诗意的江南茶田生活

第十二届江苏省（连云港）园艺博览会
苏州园

项目地点 / Location
连云港海州区云台农场

建成时间 / Built Time
2023年

项目规模 / Scale
8000平方米

建设单位 / Construction Institution
苏州市园林和绿化管理局

设计单位 / Design Institution
苏州园林设计院股份有限公司

设计人员 / Designer
潘　静　殷　锐　刘　露　孙丽娜　王礼晨
周　凯　徐基磊

施工单位 / Constructed by
苏州园林发展股份有限公司

相关奖项 / Awards
第十二届江苏省（连云港）园艺博览会造园艺术一
等奖，规划设计单项奖

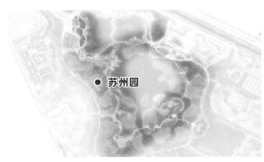

区位图

总体鸟瞰场景

YU ZAI CHA XIANG
云 在 茶 香

总体概况

云在茶香为第十二届江苏省（连云港）园博会苏州园，位于园博园"文化印迹"展区。茶文化起源于中国，是中华民族优秀传统文化的典型代表。中国人采茶、制茶、茶贸易均体现了传统茶文化与园艺千丝万缕的联系。苏州园以"风雅茶生活、自在静无边"为理念，基于茶文化的历史渊源，以江南茶田的诗意生活为蓝本，结合寻迹碧螺春来展现属于苏州的茶饮故事。

设计构思

苏州园区为北靠盐碱土绿化专类园，西临花果园艺街，南临无锡园，东侧与连云港园隔湖相望，地理位置较佳。苏州展园"云在茶香"灵感来源于宋代虎丘白云茶，以江南茶田的诗意生活为蓝本，以寻迹姑苏碧螺春为设计主题，以"问茶、采茶、观茶、品茶、寻茶、悟茶"为主线，展示"碧螺缘起、时光之旅和姑苏佳茶"茶饮文化历史文脉，大体可以分为四个层面：一是物质层面。具体包括茶文化遗迹、茶具、茶书、茶画、茶事雕刻、茶制品等。二是精神层面。包括文化意涵、茶道、茶德等。三是行为层面。大体包括茶艺、茶俗、茶事等。四是制度层面。包括茶的税赋、茶政、茶法、纳贡、榷茶、诏典、茶马互市等。苏州展园设计巧妙，结合现状地形，突出阶梯式茶田风貌，将茶文化与园艺景观融合。主建筑结合当代功能，采取自然写意布局，亭台廊道、曲折迂回，与茶山藏与露、疏与密、高低错落，充分体现"风雅茶生活，自在境无边"的自然野趣生活。

创新亮点

苏州展园"云在茶香"通过结合场地西南侧沿河，场地地形北高南低、东高西低的特征，将园区分为"田居境""仙居境""水居境"。田居境位于入口的山地区，打造茶田景观，可在其中体验采茶与制茶的乐趣，科普苏州碧螺春的来源；仙居境位于展园西北侧，此处设置听香深处茶文化馆，可在室内品味茶香，科普碧螺工艺，观赏水岸与茶田美景；水居境位于展园南侧邻水位置，游于其中，感受碧螺春的演变历史与姑苏地区各类名茶故事。

姑苏佳茶

创新亮点

苏州展园力求打造风格野趣自然，视线开合有致，场地移步易景，植被色彩丰富的绿化空间。整个展区分为"密林秀色""茶田锦绣""绿屏秋韵"和"滨河野趣"四个分区，形成四季有景，春夏观叶、秋季赏色、冬季悦絮的富有自然野趣的植物景观。"入山无处不飞翠，碧螺春香百里醉。"苏州园主体建筑设计提取苏州园林之境，采用厅、亭、廊、洞表现空间的藏与露、疏与密、蜿蜒曲折、高低错落；设计中展现苏州传统民居之意，采用黑白灰为色调表现苏州建筑清新淡雅、古朴细腻的风格。立面采用玻璃幕墙与开敞的构架相结合，朝茶园方向打开；起伏连绵的屋顶下，游廊与灰空间组织着室内外。

苏州展园主建筑以现代设计语言展现苏州园林之境，采用厅、亭、廊、洞表现空间的藏与露、疏与密、蜿蜒曲折、高低错落，采用白墙灰瓦及木质色调表现苏州建筑清新淡雅、古朴细腻的风格。为体现新技术新材料的运用，苏州园茶室"听香深处"运用了大面积玻璃门窗，提高了茶室的透明度，同时将室外茶园、湖水的美景引入室内，让室内外空间融为一体。同时，木材优美温馨的感官效果与清爽透明的玻璃相结合，不同质感材料之间的对比运用使茶室充满了现代气息。在茶山上建造的望茶亭采用了中国传统的竹子加工工艺，将竹构件进行绑扎、拼接或者编织起来，利用竹子的线性特征给人以穿过竹林的体验。

园
博
图
鉴
——
新
时
代
江
苏
园
博
精
品

茶室与茶亭实景

各方声音

苏州展园以"云在茶香"为主题，寻迹姑苏碧螺春为设计主线，将整个展区分为"密林""茶田""绿屏"和"滨河"四个分区，高低错落，层层递进，创建出独具魅力的山水江南，再现了山居式的诗意生活。建筑开合得当，灵动丰盈，景观色彩和谐，均衡得当，通过游廊等特色设计使室内室外的互动性增强，融为一体。

──陈卫新 | 南京筑内空间设计总设计师、南京观筑历史建筑文化研究院院长

沧浪问水

沧浪经典，隽永如画

**第十一届江苏省（南京）园艺博览会
苏州园**

项目地点 / Location
南京市江宁区汤山

建成时间 / Built Time
2021年

项目规模 / Scale
6000平方米

建设单位 / Construction Institution
江苏园博园建设开发有限公司

设计单位 / Design Institution
东南大学建筑设计研究院有限公司

设计人员 / Designer
陈　薇　周　琪　杨莞阆　王晓俊　杨　妮
付鹏飞　李　威　王重旭

施工单位 / Constructed by
中国建筑第八工程局有限公司

相关奖项 / Awards
第十一届江苏省（南京）园艺博览会造园艺术综合奖
特等奖，技术创新、植物配置、建筑小品单项奖
2022年江苏省城乡建设系统优秀勘察设计（园林绿
化工程设计）一等奖

区位图

沧浪亭实景

看山楼实景

沧浪亭实景

总体概况

沧浪问水为第十一届江苏省（南京）园博会苏州园，苏州园充分利用临水环境，意向平江水城，演绎沧浪亭故事，复原"沧浪濯缨"的历史意境，布局有宋画特色，沿水设廊，踞山观景，园内外山水相依，水绕山转。建筑为宋式郊野风格，设置有品茗、听音、畅游、吟诗作画等用途。

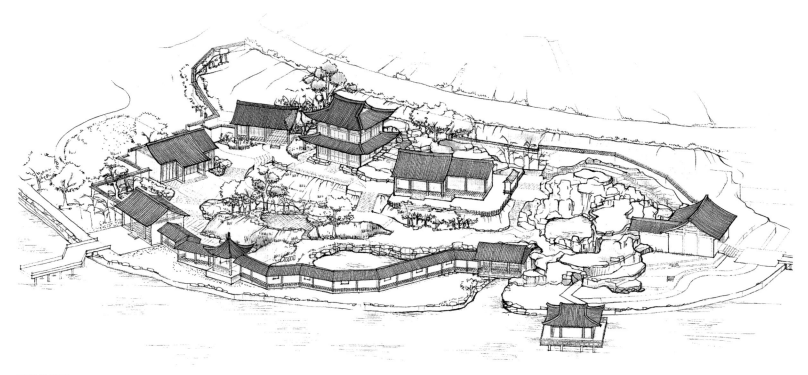

手绘效果图

中心向北剖面

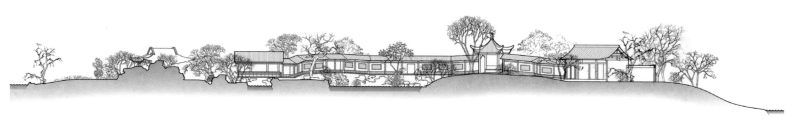

中心向南剖面

复廊春景

复廊夜景

鸟瞰图

设计构思

苏州园北倚山阜，东邻大湖，北侧隔水为宁镇高台，此于山、水、城环境下的苏州园选址，以北宋时期建造的名园沧浪亭为依据，十分贴切，也弥补了目前苏州沧浪亭移至山巅的缺憾，可以再现苏州宋代园林。

该园以宋画为园林画面，或在廊中行走，或在楼阁观览，或在道上漫步，或在山中穿行，均可形成一幅幅宋画场景。"沧浪问水"亭点缀在大湖面上，则将沧浪亭的意境烘染而出。

自胜轩实景

创新亮点

苏州园的设计，是一次因地、因时对经典园林的再创作，是对于宋代沧浪亭营造历史、主题的再理解与诠释，更是利用想象力和创造力对场地进行充分利用和重新赋形。

在消化、吸收经典园林的要素并加以提取的同时，结合场地的特点和现实的需求，在具体的园林布局和空间经营层面，围绕主题创造游人可游赏品味的、富有画意的场所，也完成了一次从场地到场所、从经典园林到当下园林生活的创新性实践。

各方声音

沧浪问水，问的是沧浪之水濯缨的清白，苏州园沧浪亭因地制宜，将宋式沧浪亭子安放在湖面之上，很好地呼应了沧浪亭的原有意境，苏州园择址于水面比较多的环境，也与现实的苏州园林产生联想，复廊沿水而建，起伏行走，看山得山，看水是水，山水画面跃入眼帘。

——陈薇 ｜ 江苏省设计大师、东南大学建筑学院教授

城市展园是本次第十一届江苏省（南京）园艺博览会的核心。苏州园就像是一幅园林画卷，赏园也赏艺，一城一园一故事，一步一景一惊艳，环廊抱园之间绿篱错落，堂楼亭轩之外悬萝垂蔓，园林是江南的生活化石，烟雨浪漫之中桃李不言。

——《网易新闻》

假山实景

小筑春深

展太湖生态之美，显苏州园林之胜

第九届江苏省（苏州）园艺博览会
苏州园

项目地点 / Location
苏州市吴中区临湖镇

建成时间 / Built Time
2016 年

项目规模 / Scale
11000 平方米

建设单位 / Construction Institution
苏州市园林和绿化管理局
苏州市吴中区人民政府
苏州太湖旅游发展集团有限公司

设计单位 / Design Institution
苏州园林设计院股份有限公司

设计人员 / Designer
贺风春　谢爱华　刘仰峰　沈思娴　郑善义
陈盈玉　陆　敏　余　炻　沈　挺　冯　超

施工单位 / Constructed by
中亿丰建设集团股份有限公司

相关奖项 / Awards
第九届江苏省（苏州）园艺博览会造园艺术综合奖
特等奖
2019 年中国风景园林学会科学技术奖（规划设计）
一等奖
2019 年中国勘察设计学会行业优秀勘察设计奖（优
秀园林景观设计）二等奖
2017 年江苏省城乡建设系统优秀勘察设计一等奖
2017 年苏州市城乡建设系统优秀勘察设计一等奖

园博图鉴——新时代江苏园博精品

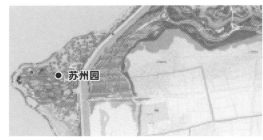

区位图

总体鸟瞰场景

竞相绽放 | 城市展园

总体概况

小筑春深为第九届江苏省（苏州）园博会苏州园，展园以"小筑春深"为主题，继承苏州园林山水格局、空间变化、造景手法、园林文化，给游客提供参与性、互动性园林空间和舒适园林生活体验，运用技术创新，建设科技园林，增加园和园之间的互动，形成现代与传统的时空对话。

滨水立面

设计构思

苏州园共规划设置了翠竹院、沐春堂、浣云池、锦绣坡、鸣泉涧、杜鹃山、桃源谷、听香径、山茶坞九个景点，全面立体呈现苏州古典园林曲折幽深、高低错漏、虚实有致、轩楹高爽的布景格局。展园的核心建筑沐春堂充分借鉴了中国四大园林之一拙政园远香堂的设计精髓，置身其中远眺园中其他景致，犹如进入一幅唯美的山水园林彩卷。

局部实景

园
博
图
鉴
——
新时代江苏园博精品

局部实景

主体建筑沐春堂

创新亮点

苏州园建设的亮点是对苏州新园林发展的探索实践。在材料的选取上，建筑承重构件均采用更为工业化的钢结构，屋面则采用双层玻璃或环保金属瓦代替小青瓦，小木装修构件采用传统木构件制作。在植物的种植上，新园林的设计则更加注重植物文化性与生态性的结合，根据植物耐阴喜阳、相生相克等生物学特性进行配置，提高种植设计的科学性。

各方声音

"小筑春深"，以"山水园林、生活园林、科技园林"的设计理念，对当代苏州园林的继承与创新进行了探索和研究。从山水营造、造园材料、种植设计、生态理念等方面展现苏州园林在新时代的发展，力求营建地域文化特色显著、时代特征强烈的"当代苏州园林"，展示当代苏州园林建设在继承和发展中的思考、探索和实践。

——贺风春 | 江苏省设计大师、苏州园林设计院股份有限公司董事长

林境诗语

绿树村边合，青山郭外斜

第九届江苏省（苏州）园艺博览会
南通园

项目地点 / Location
苏州市吴中区临湖镇

建成时间 / Built Time
2016年

项目规模 / Scale
5000平方米

建设单位 / Construction Institution
南通市城乡建设局

设计单位 / Design Institution
南通市市政工程设计院有限责任公司

设计人员 / Designer
陈 岗 王 萍

施工单位 / Constructed by
南通市绿化造园开发有限公司

相关奖项 / Awards
第九届江苏省（苏州）园艺博览会造园艺术综合奖特
等奖，海绵技术应用单项奖

区位图

总体鸟瞰场景

总体概况

林境诗语为第九届江苏省（苏州）园艺博览会南通园，其主题展现"境生象外，林木意向，意发其中，诗语表现"。展园北侧界面注重与村庄的呼应和对话，绿化景观界面符合"莲溪"整体印象；南侧偏重形成主园路的背景，形成郁闭界面；出入口注重与主园路的联系和游览引导，强化"乡情"片区入口形象；南部以自然地形及密林绿化空间为主；北部以疏林空间及休憩体验空间为主。

园博图鉴——新时代江苏园博精品

设计构思

南通园表现"乡情"记忆中外围景观特征，紧扣"林境诗语"的主题，以境生象外而意发其中的诗语表现，营造一种"绿树村边合，青山郭外斜"的美丽恬静的村外景象，营造出"村外翘首""闲话桑麻""宿溪池树""淡然回望"等景点。从园外朴香桥远观，展园被荫蔽繁盛的树木所围合，隐约可见院内瓜棚竹舍、木质构架错落而设，临路高低不等的锈板木挡墙迂回引导，形成一种绿树隐蔽、空谷回音的幽深之感。

局部实景

创新亮点

在三水交汇处将水系引入园内建造湿塘洼地，作雨水蓄积过滤之用，沿路设置雨水花园、线状导流绿地、露骨料透水路面、坡地蓄水草带等设施达到雨水的有效利用。注重对乡土小品的提炼，以篱笆、瓜棚、玉米束为原型进行园林小品创作，移步异景地展示绿树环抱、幽回探路、湿塘洼地、鸟语蛙鸣的乡情景观。趋步前往，通过置身林中的忘怀，放眼三水的沉醉，追风捕碟的流连，回望园圃的不舍。多种生境体验方式及场地景观节点，突出场地地貌和乡土植被的特征，营造游人休闲游览与停留体验自然的空间格局。游客通过场地的不同类型及高差的步道、观景平台等设施并结合解说牌等各类标识，进行各类活动，表达对乡情记忆的感知，形成对展园的共鸣。外部空间有开有合，注重展示界面与视线焦点。内部空间注重空间对比，引发游客的兴奋点，体味多重感受。

各方声音

"林境诗语"展园，以塑造精致型乡野景观为出发点，赋予景观之意境，追求诗语的乡郊归林体验，围绕"林境诗语"进行展园创作，体现人与自然和谐的关系，景观小品乡野化，乡土植物多样化，在乡郊"粗放"与园林"精致"方面做了有益尝试。

——李浩年 | 南京市园林规划设计院有限责任公司名誉董事长

雨水花园

西游寻踪

山海连云，大圣故里

**第十二届江苏省（连云港）园艺博览会
连云港园**

项目地点 / Location
连云港海州区云台农场

建成时间 / Built Time
2023年

项目规模 / Scale
10000平方米

建设单位 / Construction Institution
连云港园博建设投资有限公司

设计单位 / Design Institution
东南大学建筑设计研究院有限公司

设计人员 / Designer
成玉宁　樊柏青　王雪原　景文娟　王　勇　常晓旭
王思远　顾　佳

施工单位 / Constructed by
中国建筑第八工程局有限公司

相关奖项 / Awards
第十二届江苏省（连云港）园艺博览会造园艺术特
等奖，规划设计、建筑小品单项奖

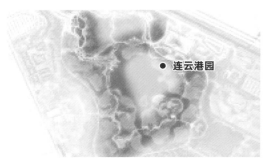

区位图

总体鸟瞰场景

总体概况

西游寻踪为第十二届江苏省（连云港）园博会连云港园，展园以"西游寻踪"为主题，依托连云港独特的山海文化、丝路文化、西游文化等背景，通过艺术化、景观化的现实表达，与现代园林进行完美契合。从花果山、连岛、盐滩、海滨等地域风貌中抽取设计元素，注重运用绿色建筑、海绵城市、高新材料、数码科技等新技术，展现浪漫山海城、神奇连云港、寻梦花果山的美好憧憬。

园内实景

设计构思

连云港展园设计方案创作充分因地制宜，形成东部的"山"与西部的"海"，中部以为"园"，"山海"隐喻花果山、连岛、盐滩、海滨等典型的地域景观特征；"西游馆"与"盐田遗址"扼守西侧水岸南北，东部分设南北入口，北入口主景"猴出灵石"，南入口则为绘本三打白骨精；中部场景以西游记典型故事为原型，展园道路铺装以取经路为序列，铺以祥云图案寓意"脚踏祥云"，以西游记重要故事地名为地雕，增加游览的趣味性。设计灵活运用萃取、抽象、重组等造景手法，实现传统题材的创新表达。

创新亮点

中部展园以"西游寻踪"为题，组织系列景点："云港幻境"南入口的两个状若长卷的花台，上为西游记故事浮雕；"齐天大圣"雕塑为采用新材料编织而成生动、轻盈的悟空形象；"玄圃花境"顺应场地高差，以台地式种植，搭配蓝紫色系花卉，营造花海寻仙的梦幻园林意境，"凌云渡"横卧其间；"盐田煮海"结合盐田遗址保护设置栈道，其扶手部分阴雕刻晒盐流程，东侧设置有"金箍棒"雕塑，其祥云图案镂空表皮可与灯光结合虚实相生；"魔幻金箍"由禁锢悟空的法器变形而来，扭曲变形后的金箍首尾相接、无始无终；"蟠桃岭"上遍植桃花，塑造西游天宫场景。

此外，全园采用绿色建筑、海绵城市、高新材料、数码科技等新技术，展现浪漫山海城、寻梦花果山的美好憧憬，营造融地域特色神话场景与现代技术的连云港城市展园。

建筑鸟瞰

竞相绽放 ｜ 城市展园

建筑实景

清晏唱晚

再现海清河晏的衙署园林

**第十一届江苏省（南京）园艺博览会
淮安园**

项目地点 / Location
南京市江宁区汤山

建成时间 / Built Time
2021年

项目规模 / Scale
2800平方米

建设单位 / Construction Institution
江苏园博园建设开发有限公司

设计单位 / Design Institution
东南大学建筑设计研究院有限公司

设计人员 / Designer
陈 薇　唐静寅　胡 石　周陈凯　孙 菁　陈 拓
李 威　李 斌

施工单位 / Constructed by
中国建筑第八工程局有限公司

相关奖项 / Awards
第十一届江苏省（南京）园艺博览会造园艺术综合奖
一等奖，植物配置、建筑小品单项奖
2022年江苏省城乡建设系统优秀勘察设计（园林绿
化工程设计）一等奖

区位图

总体鸟瞰场景

局部实景

总体概况

清晏唱晚为第十一届江苏省（南京）园博会淮安园，淮安园位于"十三园文化五区"之一的"维扬区"，在景观立意上属于"平远"地带，东为扬州园，西为泰州园，其南侧在施工中发现的"紫东石"形成用地南高北低的特征。淮安园以清中期的衙署园林"清晏园"为蓝本，复原方池清晏的景致，取"澜恬风定畔官舍，何晏波平寄方池"的意象，但是由于用地环境和原城市用地差异较大，在四向边界的形态上对历史蓝本进行了突破和创新。

设计构思

淮安园以历史上清晏园的大型方池为格局特征，嵌入场地中心，使其倒映四周山景，与南京园、泰州园等远近相接、高低相衔。

创新亮点

在仿写淮安传统建筑建造和园林特征的基础上，借现代结构之力强化建筑低平的近水姿态，以回应地域园林营造文化中"海清河晏"的精神追求，在建筑和水面之间用若干横向铺陈的石景进行衔接，从而加强了水平向的稳定特征。

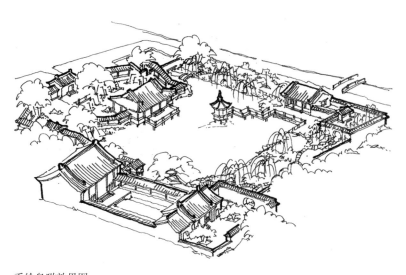

手绘鸟瞰效果图

从山园到水园

主景清晏池

地形高差结合游走空间形成的若干框景

游廊在山水高低之间的游走

各方声音

作为园博园的核心板块之一——"苏韵荟谷"，在峭壁荒坡的有限空间内，阐述"中国园林在江苏，江苏园林在园博"的精髓要义。登高俯瞰，流水串联间，13 个城市展园各依地势，楼阁错落，廊腰缦回，檐牙高啄，集苏式园林山水之大成，汇江河湖海文化之精华。

——《中国周刊》

月湖乡韵

湖光月影湿地春

第九届江苏省（苏州）园艺博览会
盐城园

项目地点 / Location
苏州市吴中区临湖镇

建成时间 / Built Time
2016年

项目规模 / Scale
6000平方米

建设单位 / Construction Institution
盐城市园林管理局

设计单位 / Design Institution
盐城市建筑设计研究院有限公司

设计人员 / Designer
姚　捷　李荣周　张瀚元　吴　俊　陈宗超　张　涛
胡贻超

施工单位 / Constructed by
江苏富邦环境建设集团有限公司

相关奖项 / Awards
第九届江苏省（苏州）园艺博览会造园艺术综合奖特
等奖，海绵技术应用单项奖
2019年江苏省城乡建设系统优秀勘察设计二等奖
2019年盐城市城乡建设系统优秀勘察设计一等奖

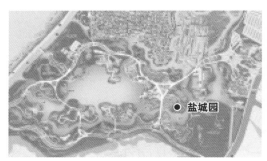

盐城园

区位图

总体鸟瞰场景

总体概况

月湖乡韵为第九届江苏省（苏州）园博会盐城园，位于"乡情"片区，基地地形特色明显，呈北高南低走势，落差2.5米左右，南侧面临"金溪"，湖面开敞。整个展园像一把徐徐展开的江南折扇，隔着弯月形优美水岸线，面向清澈溪水娓娓摇动。

设计构思

盐城园充分利用场地天然的对称性优势，围绕中轴线较为对称地进行展园布景。主入口位于"扇柄"处，通过黄石假山造景点题，过道通过步移景异的方式将传统青砖、青瓦、老石板等造园材料相融合并加以诠释展园主题。穿越牡丹园，来到视野开阔的观景平台，看到一片绿意茵茵、层次错落的绿色台地，远处是精心布置在优美水岸线上的水风车和架空木栈道。

滨水景观

创新亮点

从规划理念到造园手法，盐城园积极践行"海绵城市绿地"理念，通过采用渗透性材料进行道路铺装、搭建绿色台地储水过滤、种植耐旱植物景观等措施，引导雨水渗透地下，同时利用生物滞留设施、下沉式绿地和植被缓冲带功能，提高水系对场地雨水的调蓄能力。设计决策主要基于方案能否促进地下水补给和对现存雨水排放问题做出积极回应。场地依据现有地形高差，策略性的引导雨水渗透到地下，而非从场地排出。

各方声音

"月湖乡韵"展园，以"乡情"为园林造园意境出发点，围绕"乡情"体现地域文化景观特色，总体因地制宜，以"扇"形为平面构图，空间收放自如，先抑后扬，体现了开阔自然景象，临河水滩亲近自然，小岛、水湾、景石、植物等浑然一体，成为展园最精彩的地方。

——李浩年 | 南京市园林规划设计院有限责任公司名誉董事长

展园充分彰显地域的文化性，巧妙地植入苏州砖雕、苏北水乡木船和八诡风车技艺等国家和省级非物质文化遗产项目，营造了浓郁的乡土文化特色。

——《盐城晚报》

竞相绽放 — 城市展园

局部实景

春台明月

运河承古今，再现乾隆盛世扬州生活景

**第十三届中国（徐州）国际园林博览会
扬州园**

项目地点 / Location
徐州市铜山区吕梁山

建成时间 / Built Time
2022 年

项目规模 / Scale
4000 平方米

建设单位 / Construction Institution
扬州市住房和城乡建设局
扬州市城市绿化养护管理处

设计单位 / Design Institution
江苏兴业环境集团有限公司

设计人员 / Designer
胡正勤　郑佩佩　仲　亚　张骁虎

施工单位 / Constructed by
扬州城市绿化工程建设有限责任公司
江苏兴业环境集团有限公司

相关奖项 / Awards
第十三届中国（徐州）国际园林博览会优秀展园、
优秀设计展园、优秀施工展园、优秀植物配置展园、
优秀建筑小品展园

区位图

园内景观

总体概况

春台明月为第十三届中国（徐州）国际园林博览会扬州园，位于园区东北部的运河文化廊区，展园北侧、东侧毗邻园内一级通行道路，西侧通过公共区与苏州园紧密相邻。展园设计上充分尊重江南园林特别是扬州特有的历史文化，以《扬州画舫录》中描述的扬州生活为源，结合上位规划要求，并融入扬州"北有瘦西湖，南有古三湾"的地理环境，因地制宜，展示扬州独特的人文风情以及园林风貌。

园内景观

设计构思

扬州园总共有"五区十景"，五区分别是"南山菊瀑""扬派盆景""运河古韵""绿扬春风""秋林野趣"。
十景分别是"山亭远眺""悬泉飞瀑""缩龙成寸""苍古雄奇""箫音拂柳""芦汀晚舟""亭楼览春""戏说新扬""层林尽染""秋叶萧萧"。

园区内有北门、亲水平台、小蓬莱、玉箫桥、揽胜楼、爬山廊、濠濮轩、香影榭、秋林野趣、山亭远眺、松下访菊、松月桥、玉人码头、东门、扬派盆景、景墙16个景观点。

园内栽种展示了"扬派盆景"树木及各种造型的景观树，扬派盆景树层层叠叠，加以远处的宝塔、园内的园林建筑，古韵绵绵，美景如画。

入口景观实景

园内景观

创新亮点

展园以传统造园手法融入现代手法，充分运用扬州大运河元素，着力体现富有诗情画意的美好生活。结合现状地形条件，通过障景、框景、隔景、借景、对景等设计手法，体现扬州园林寄情山水、淡泊高雅的境界，发扬扬州园林独特的风格，运用院落的组合处理、园林建筑的设计理念、水景旱做的独特手法、园林山石的安排及园林植物配置等方面展示扬州文化内涵。

扬州园二层主体建筑取自瘦西湖"熙春台"，同时具备宏伟气势及精巧的结构，依山傍水，融合运河三湾的形态，运用园林山石及园林植物布置，打造独具特色的扬州展园。全园紧贴"春台明月"的主题，体现扬州园林南秀北雄、刚柔相济的风格。

园内景观

扬州园植物种植实景

扬州园亭廊实景

扬州园主体建筑实景

各方声音

扬州园立一楼、一轩；一亭、一榭；一池、一桥，以游廊串联起扬州园林的古韵今风；以飞瀑流泉叠山，以扬派盆景布景，体现了扬州园林的造园技艺，以及寄情山水，淡泊高雅的境界。

——贺风春 | 江苏省设计大师、苏州园林设计院股份有限公司董事长

扬州园的设计以《扬州画舫录》中描述的扬州生活为源头，融入扬州"北有瘦西湖，南有古三湾"的地理环境，因地制宜，展示扬州独特的人文风情以及园林风貌。

——《扬州日报》

九峰生烟

叠石雕梁花木的市井雅趣

**第十一届江苏省（南京）园艺博览会
扬州园**

项目地点 / Location
南京市江宁区汤山

建成时间 / Built Time
2021年

项目规模 / Scale
4500平方米

建设单位 / Construction Institution
江苏园博园建设开发有限公司

设计单位 / Design Institution
东南大学建筑设计研究院有限公司

设计人员 / Designer
陈 薇 杨红波 胡 石 赵晋伟 刘永刚 屈建球
李 威 李 煜

施工单位 / Constructed by
中国建筑第八工程局有限公司

相关奖项 / Awards
第十一届江苏省（南京）园艺博览会造园艺术综合奖
一等奖，建筑小品单项奖
2022年江苏省城乡建设系统优秀勘察设计（园林绿
化工程设计）一等奖

区位图

一片南湖和海桐书屋实景

JIU
FSY
E NG
S Y SHE
Y A N G

九峰生烟

总体概况

九峰生烟为第十一届江苏省（南京）园博会扬州园，以消失的九峰园片断为复原设计，依据李斗《扬州画舫录》所记载的九峰园复原其峰石特色和扬州造园艺术特点。扬州园依据九峰园的意境复原深柳读书堂、谷雨轩、海桐书屋、玉玲珑馆、一片南湖等一众景点和建筑，更是布置若干处太湖石假山和峰石，形态各异，正如李斗所描述的"大者逾丈，小者及寻，玲珑嵌空，窍穴千百"。园中建筑为清中期特点，此园地处城市展园门户区域，除游园外，为整个展园提供特色餐饮和特产购物等服务功能。

扬州园的峰石

一片南湖夜景

手绘效果图

玉玲珑馆实景1

玉玲珑馆实景2

设计构思

清代扬州以其地处南北漕运和盐运的重要地理位置，经济和文化出现极度繁荣的局面。彼时各地盐商云集扬州，斥巨资竞相修建宅邸和园林，逐渐形成了扬州传统园林造园特色：既饱含江南园林的秀美，又兼具北方理景的气势。清乾隆皇帝南巡曾来到清代扬州名园——南园游览，并题"九峰园"。本次设计以九峰园为蓝本，复原其造园意境，并精心布置数座奇峰异石，再现九峰园的雅致和精美。原九峰园地处城南，大门临河，"水有祥舸系舟，陆有木寨系马"，可以看出其热闹的市井生活场面，本次设计在复原九峰园场景的基础上还引入扬州当地的特色餐饮服务，增添了九峰园的生活气息。

九峰园景墙

建筑细部

创新亮点

准确表达和延续扬州传统造园特色：营造城市山林的独特景观，表现富商大贾的生活场景，凝聚传统市井的雅致乐趣，传承南北交融的秀美雄壮。

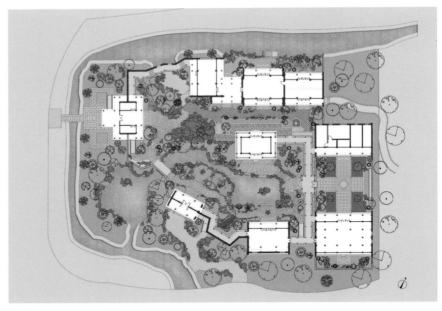

扬州园设计总图

海桐书屋实景

扬州园航拍实景

各方声音

扬州展园以消失的九峰园片断为复原假设，依据李斗《扬州画舫录》所记九峰园，呈现了扬州造园的艺术手法特点，及其独特的峰石特色。作品准确表达和延续了扬州的传统造园风格，有南北交融的雄健秀美之意。园内景观建筑雅致精粹，动静互补，随形得景，互相因借，独成一观。

——陈卫新│南京筑内空间设计总设计师、南京观筑历史建筑文化研究院院长

扬州园以现状自然山石为背景，以消失的九峰园为蓝本进行创作；既复原了九峰园原有园林景点和建筑意境，又以峰石和建筑为特色展现传统扬州园林叠石、理景、花木等造园要素，还注重表达扬州传统园林的内在特点并融入地方餐饮特色等。

——陶亮│第十一届江苏省（南京）园艺博览会博览园总设计师

月桥广陵

追忆唐朝扬派园林风韵，再创扬州月桥诗境

第十届江苏省（扬州）园艺博览会
扬州园

项目地点 / Location
扬州市仪征枣林湾

建成时间 / Built Time
2018 年

项目规模 / Scale
24175 平方米

建设单位 / Construction Institution
扬州园博投资发展有限公司

设计单位 / Design Institution
深圳媚道风景园林与城市规划设计院有限公司
深圳原道都市风景园林规划研究所有限公司（何昉工作室）
深圳市和域城建筑设计有限公司

设计人员 / Designer
何　昉　锁　秀　谢晓蓉　沈　悦　洪琳燕　刘　楠
黄星高　周明星　张海洋　郑雅婧　叶　媛　王　磊
梁轶妍

施工单位 / Constructed by
扬州古典园林建设有限公司

区位图

总体鸟瞰场景

相关奖项 / Awards

第十届江苏省（扬州）园艺博览会造园艺术综合奖一等奖

2021年国际园艺生产者协会大奖

2021年扬州世界园艺博览会组委会江苏城市展园大奖

2021年深圳市优秀工程勘察设计奖（优秀园林景观设计）一等奖

2019年中国风景园林学会科学技术奖（规划设计奖）一等奖

总体概况

月桥广陵为第十届江苏省（扬州）园博会扬州园，展园以为挖掘扬州特色地景、运河文化、非遗文化、古典园林文化为目标，塑造春华秋月的扬州印象。展园景观继承扬州经典唐风形象，通过提取扬州唐风建筑与扬州园林传统元素，结合现代园林造景手法，形成古唐广陵与现代扬州之间的契合点，展示出扬州悠久的历史底蕴内涵和与时俱进的新扬州气度。

园博图鉴——新时代江苏园博精品

局部实景

局部实景

设计构思

扬州园主题定位为"古园雅集",集中呈现扬州古典建筑和园林精粹,提供多样化的传统园林空间,构成本届园博会中江苏古典园林文化主要展示舞台之一。扬州园按照中国古典园林"起—承—转—合"的空间叙事方法,布置成园区主要的空间序列。

创新亮点

因地制宜，生态环保，可持续发展

项目基于场地现状，与自然协调。尊重现状地形、植被条件，充分利用园区周边的江滩、湿地等自然景观资源，营造富于变化和功能弹性的百变空间；项目注重绿色、环保、节能，并针对会后场地的后续利用问题进行可持续性设计。

扬派唐风，文化经典

扬州园再现近乎失传的扬派唐式园林风格建筑，并结合现代园林造景手法，古今扬州之间的契合点，展示扬州深厚的历史文化底蕴和与时俱进的新扬州气度。唐代高僧鉴真，广陵江阳（今江苏扬州）人，先后六次东渡，促进了文化的传播与交流，借鉴鉴真大师日本所建的唐招提寺结合现代手法设计主建筑，四面通透，制屏风佛像，用于纪念鉴真大师和展示扬州本土优秀艺术作品。

文化玉桥，技术创新

扬州自古以来就享有"月亮城"美誉，园内东北入口设新月桥，桥体现代简洁，晶莹剔透，采用低成本的高科技发光涂料，吸收太阳能转化为光能，符合绿色环保节能的可持续发展原则。远处眺望，犹如天降玉璧，与水中倒影合而为月，不同角度成月不同，将扬州的月文化、桥文化与玉文化完美融合，成为扬州园中的点睛之笔。

各方声音

扬州展园设计继承创新唐式风格，追忆传统建筑与园林瑰宝，并结合现代园林造景手法，试图找到唐代广陵与现代扬州之间的契合点，通过传统与创新的自然融合，形成了园博会扬州展园的意境和形式，同时展示扬州悠久的历史底蕴内涵和与时俱进的新扬州气度。

——何昉 | 全国工程勘察设计大师，北京林业大学教授

155

竞相绽放 | 城市展园

扬州园主景

渚堤颂歌

扬子江的交响，洲与岛的演绎

第八届江苏省（镇江）园艺博览会
镇江园

项目地点 / Location
镇江市扬中滨江新城

建成时间 / Built Time
2013 年

项目规模 / Scale
15000 平方米

建设单位 / Construction Institution
镇江市园林管理局

设计单位 / Design Institution
江苏省仁智园林设计有限公司

设计人员 / Designer
余晓毅　潘　昊

施工单位 / Constructed by
南通市绿化造园开发有限公司

相关奖项 / Awards
第八届江苏省（镇江）园艺博览会造园艺术综合奖
特等奖

园
博
图
鉴
——
新
时
代
江
苏
园
博
精
品

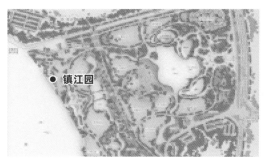

区位图

总体鸟瞰场景

局部实景

总体概况

渚堤颂歌为第八届江苏省（镇江）园博会镇江园，位于滨江展示区，西侧紧邻烟波浩渺的长江，南侧为滨江湿地广场，北侧为游船码头，东侧为博览会主园路。镇江展园设计从本届园博会主办城市——扬中市的城市特色出发，扬中四面环江，整个扬中的发展取决于坚强的堤岸防护，筑堤文化反映了扬中人民坚强不屈、建设家园的精神，通过洲岛文化的演变过程展现滨江地域文化。

设计构思

镇江展园融入《大江东去》史诗中"扬子江的交响"诗篇之文化主题，用景观语言演绎洲岛的形成、发展和繁荣的演变，展示滨江地域文化，突出洲岛文化。

竞相绽放 — 城市展园

长江之"浪"与围江筑堤

创新亮点

通过三大空间——江岸芦堤（起源篇）、中心区域的围江筑堤（发展篇）以及临近次入口空间的江堤远眺（繁荣篇）的动态变化，营造生态、自然、动态丰富的湿地绿岛景观。

各方声音

镇江展园利用扬中滨江傍水的区位特点，充分植入了长江元素及筑堤文化，呈现"江伴园、园融水、水韵绿"的空间布局，采用现代造园手法，着力打造展园精致、景观优美、自然和谐、风情浓郁的现代生态园林。

——央广网

竞相绽放 | 城市展园

特色雕塑

日涉观英

邻虽近俗，门掩无哗

第十一届江苏省（南京）园艺博览会
泰州园

项目地点 / Location
南京市江宁区汤山

建成时间 / Built Time
2021年

项目规模 / Scale
4300平方米

建设单位 / Construction Institution
江苏园博园建设开发有限公司

设计单位 / Design Institution
东南大学建筑设计研究院有限公司

设计人员 / Designer
陈 薇　和嗣佳　胡 石　汪 建　陈 瑜　俞海洋
李 威　王重旭

施工单位 / Constructed by
中国建筑第八工程局有限公司

相关奖项 / Awards
第十一届江苏省（南京）园艺博览会造园艺术综合奖
特等奖，植物配置、建筑小品单项奖
2022年江苏省城乡建设系统优秀勘察设计（园林绿
化工程设计）一等奖

区位图

入口及围墙

蕉雨轩

竞相绽放 ｜ 城市展园

总体概况

日涉观英为第十一届江苏省（南京）园博会泰州园，位于城市展园片区最西侧的一处微地形的小山丘上，向北为西气东输的退让距离，绿化宽度大，区域隐秘，地势较高，通过登山小道到达该园主入口，幽静神秘。用地范围东侧结合等高线的布置设置爬山廊，并与围墙相互穿插，时内时外，时远时近，同时能够俯瞰淮安园、扬州园，在有限的用地范围内为泰州园的立意创造了非常好的条件。

因巢亭

设计构思

泰州园还原了被称为"淮左第一园"的乔园，它最早被称为"日涉园"，取自陶渊明《归去来兮辞》中"园日涉以成趣"的句意，即每天在这园子里流连忘返，自然就会心情愉悦，所以整个园子具有乡野、轻松的格调。

总体鸟瞰场景

泰州园前院

数鱼亭

园内实景

创新亮点

建筑仿"日涉园"核心区的造园格局，并取"三峰园"的造园意向，结合现场地形，园分内外。外园建筑以山响草堂为主体，外向、开放，适合交流，石景多以太湖石为主，配以常绿植物，以展现园主高洁不俗的品质；内园依山势，拾级而上，绠汲堂对应轴线，因巢亭、松吹阁各成院落，建筑精致小巧，石景多以黄石为主，植物应四时景，颜色丰富、鲜艳。

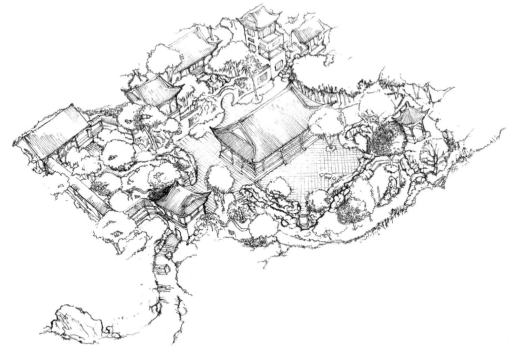

泰州园手绘图

假山实景

泰州园入口

泰州园实景

泰州园框景

各方声音

日涉园是泰州乔园的前身，表达日涉成趣之意，而其中成趣的主要内容一是广堂，二是嘉树，三是峰石。用地巧妙形成广堂位于中间的布局，四周开敞；南北两侧，一侧为黄石假山形成院落，另一侧石峰高耸，清泉叠落；古树名木或于山巅，或于堂侧，各成姿态，日涉成趣。

——陈薇 | 江苏省设计大师、东南大学建筑学院教授

这幅画面很有苏北园林的特点。单檐歇山顶，四周出廊，门前擎檐柱上有对联。青砖黛瓦，不像我们前面看到的粉墙黛瓦的苏式建筑，而是具有泰州地方特色的黛瓦清水墙，建筑周边山石环抱，花木点缀，趣味横生。

——游客

松台吟歌

水村山郭酒旗风

**第十一届江苏省（南京）园艺博览会
宿迁园**

项目地点 / Location
南京市江宁区汤山

建成时间 / Built Time
2021年

项目规模 / Scale
5800平方米

建设单位 / Construction Institution
江苏园博园建设开发有限公司

设计单位 / Design Institution
东南大学建筑设计研究院有限公司

设计人员 / Designer
陈　薇　章泉丰　胡　石　李　亮　王志东　许碧宇
李　威　梅孝满

施工单位 / Constructed by
中国建筑第八工程局有限公司

相关奖项 / Awards
第十一届江苏省（南京）园艺博览会造园艺术综合
奖一等奖，植物配置、建筑小品单项奖
2022年江苏省城乡建设系统优秀勘察设计（园林
绿化工程设计）一等奖

区位图

总体鸟瞰场景

169

竞相绽放 | 城市展园

总体概况

松台吟歌为第十一届江苏省（南京）园博会宿迁园，宿迁园属于"十三园文化五区"之一的"徐宿区"，总体规划上位于山体之上、高远的背景区，和徐州园一起，构成古朴的园林风貌。宿迁园充分利用背景环境，就势形成由南而西而北的山景连绵，和东侧的建筑群组一起，构成幽静的环境，自然和人工疏朗有致，秩序井然，体现了江苏北部传统山地园林的营造理念。

设计构思

宿迁园建筑布局以园内北侧高地松台亭为起点，醉院承接序列，酒庐、廊亭完成转折，到达序列的高潮吟歌楼，建筑群与西侧园林山水区呈合抱之势。建筑形制和风格参考当地传统民居样式，取三合院、古韵直坡、砖石实墙等典型特征。园内山水体现宿迁生态城市的特征，以及融合古代山水画卷之意境，采用早期造园技艺，土石堆山塑形，以树立姿、以水写意。园子所在位置远离尘嚣，处山高之地，因地制宜，营造出自然古朴的山地园林意趣。

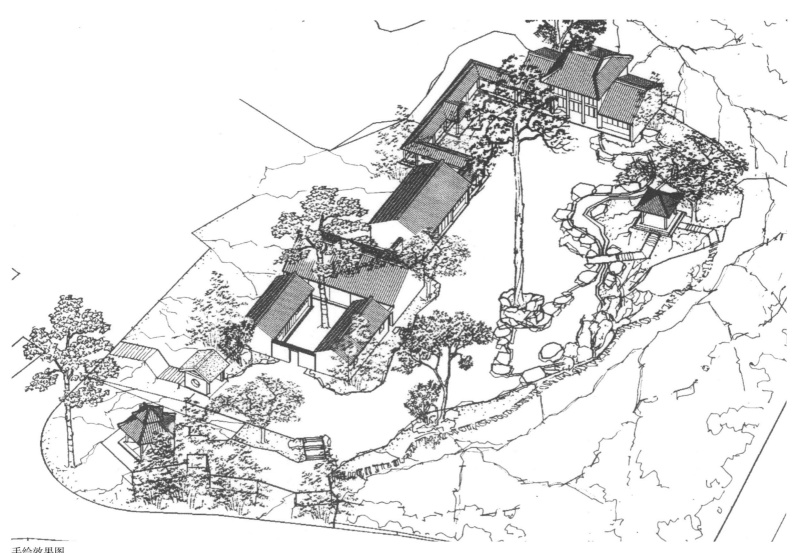

手绘效果图

园内实景

创新亮点

宿迁园的营造，采用当地传统材料和工艺：清水砖墙、大漆饰面、金山石铺地、黄石筑池、土石堆山。东阳、鑫祥两家历史悠久的古建筑加工厂负责古建施工，杭沪两派的园林景观匠师操刀山水塑造。结合区位条件和文化定性，构建三级台地，营造山野氛围。园林建筑顺地势南北向展开，与园内山水环境呼应渗透，山中溪流逐级流下汇入假山下方涧池内。涧壁背靠土山，相融相生，自成一景。山径自听泉亭至松台亭，顺曲折山路前行，借景阳山和景阳楼，仰山巅－窥山后－观崖壁－望远阁，形成移步换景的空间体验。

园博图鉴——新时代江苏园博精品

各方声音

宿迁园景观别具特色，以土石堆山控制大场景，山地溪涧形式的水点缀其间。群植黑松成林，虎皮山石铺地，自然古朴。体现了宿迁的地方特征，古朴的传统建筑、磅礴的山水、深厚的酒文化得以浓缩在这半顷园内。

——浙江中亚园林集团有限公司

吟歌楼实景

入口场景

院内场景

苑台峯疊

呂梁閣

一雲落雨

時光藝谷

湖山尋石

瓊閣飛虹

水岸廊院

03

画龙点睛

场 馆 建 筑

苑台峰叠

层台琼阁，宛若天开

**第十三届中国（徐州）国际园林博览会
综合馆暨自然博物馆**

项目地点 / Location
徐州市铜山区吕梁山

建成时间 / Built Time
2022年

项目规模 / Scale
用地面积：51901平方米
建筑面积：26663平方米

建设单位 / Construction Institution
徐州新盛园博园建设发展有限公司

设计单位 / Design Institution
东南大学建筑设计研究院有限公司

设计人员 / Designer
王建国 葛 明 蒋梦麟 姚昕悦 吴昌亮 张一楠
徐 静 韩思源 杨 波 李 亮 孙 菁 李 鑫
贺海涛 蒋爱玲 凌 洁 屈建球 李艳丽 陆伟东

施工单位 / Constructed by
中建科技集团有限公司

相关奖项 / Awards
2021年江苏省装配式建筑示范工程

区位图

建筑实景

西北角实景

王建国院士手绘稿

总体概况

第十三届中国（徐州）国际园林博览会综合馆暨自然博物馆由东南大学王建国院士领衔，并与葛明教授共同主创完成。与场地地形和历史文化的紧密结合，使建筑恰如其分地与自然和谐共生并传递文化意义。设计采用了补山、融山、藏山、望山的策略，同时表达了宛若天开和汉代层台琼阁的意象，并在此基础上充分表现可持续建造和使用的理念。

琼阁鸟瞰实景

《汉苑图》（局部）元 李容瑾

设计构思

宛若天开　层台琼阁

地形与历史意象的载体｜设计借鉴徐州汉文化中层台琼阁的意象，并以钢木楼阁的方式设置主展厅，从而与基座空间形成对比，将光线和自然引入建筑内部，形成了天庭望山的效果。同时，设计借鉴汉文化中的苑囿意象，提出依据环境而设计的补山成房，修宕成台的理念，以台地景观连接不同宕口和场地中的不同标高，顺山而下，修补地形。建筑和景观依山势向西层层跌落，为综合馆提供了面向园博主展区的眺望视野。

东南角实景

钢木结构局部

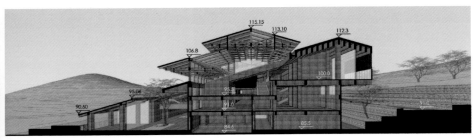

剖面图 1

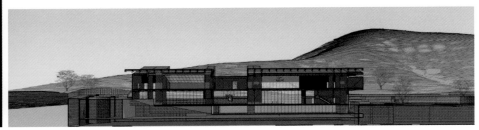

剖面图 2

园博图鉴——新时代江苏园博精品

西北角鸟瞰实景

东南角鸟瞰实景

南侧入口鸟瞰实景

随物赋形　因山就势

补山、藏山、融山、望山 | 由于场地环境复杂，建筑需要充分弥补原址因开采而导致山体破坏的自然环境，并取得和自然新的平衡，从而为整个园博区域增色。设计通过与自然和谐共生的方式，使建筑充分呼应地形并体现地形之势；在剖面上通过巧妙设置阶梯式的空间，让参观者可以从外到内、从下至上不断感受自然的延续。这种充分结合，展现了当代园博建筑设计的新方法和新理念。

"天庭"展厅实景

创新亮点

构筑一体　系统整合

建筑、结构、设备一体化设计 ｜ 设计首先充分采用了单元式和模块化的方法，从而形成了可持续建造和开放灵活使用的基础。其中，单元式的平面明确区分了服务和被服务空间，使得建筑、结构、设备得以统一与整合。建筑剖面采用了下部混凝土结构，上部钢木结构的上下分段模式，让预制的钢木结构能够与下部混凝土结构实现平行施工作业，从而缩短了施工周期。其次，设计充分使用绿色低碳建材，并采用了国家倡导发展的新型预制建造方式，实现了中国特色生态文明新时代的绿色建造。

钢木结构实景

各方声音

我们想这个建筑不应该改变原来山体（的风貌），而应该是（与山体）臻于完美的一个概念，是一种有层次的修补，将建筑融入山体周边的自然环境中。今后大家在展厅里抬起头看到的是一个非常完整的钢木结构，阳光会从侧面的高窗中洒进来，随着一天的变化，在建筑内部摇曳，形成不同的表情，漫步其中感受步移景异的体验，会逐渐增加对建筑的热爱，对徐州文化的热爱，对园博园的热爱。

——王建国 | 中国工程院院士，东南大学建筑学院教授

吕梁阁

汉风建筑的新时期演绎

**第十三届中国（徐州）国际园林博览会
吕梁阁**

项目地点 / Location
徐州市铜山区吕梁山

建成时间 / Built Time
2022 年

项目规模 / Scale
4135 平方米

建设单位 / Construction Institution
徐州新盛园博园建设发展有限公司

设计单位 / Design Institution
中国建筑西北设计研究院有限公司

设计人员 / Designer
张锦秋　王　涛　闫鹏超

施工单位 / Constructed by
中建科技集团有限公司

相关奖项 / Awards
2021 年江苏省装配式建筑示范工程

区位图

鸟瞰图

LÚ
LIANG
GE

吕 梁 阁

园博图鉴——新时代江苏园博精品

吕梁阁人视图

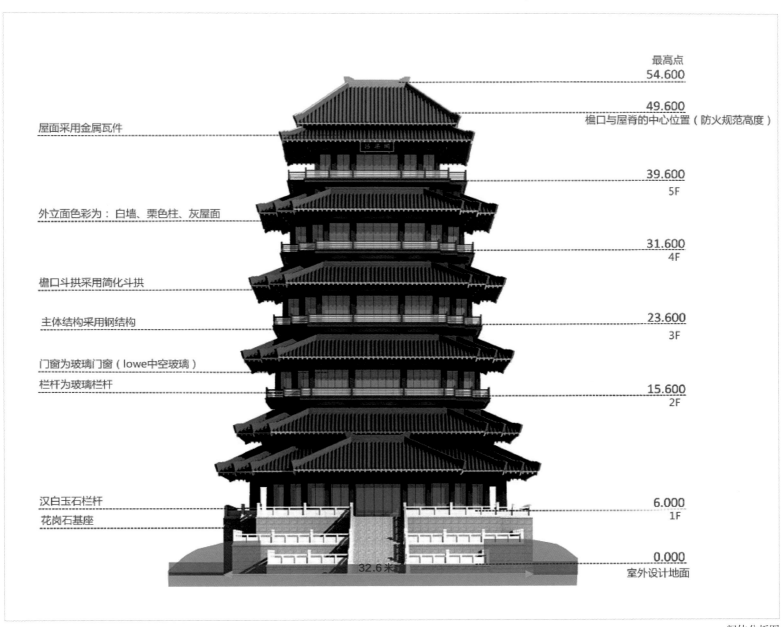

屋面采用金属瓦件

外立面色彩为：白墙、栗色柱、灰屋面

檐口斗拱采用简化斗拱

主体结构采用钢结构

门窗为玻璃门窗（lowe中空玻璃）
栏杆为玻璃栏杆

汉白玉石栏杆

花岗石基座

最高点
54.600

49.600
檐口与屋脊的中心位置（防火规范高度）

39.600
5F

31.600
4F

23.600
3F

15.600
2F

6.000
1F

0.000
室外设计地面

32.6米

阁体分析图

总体概况

吕梁阁为第十三届中国（徐州）国际园林博览会的制高点，位于悬水湖东岸海拔131.23米的石山山脊之上。以沿袭汉代建筑特点为设计理念，体现了汉风建筑在新时期的演绎。建筑面积4135平方米，建筑高度54.37米，建筑层数为"明五暗七"。

鸟瞰图

设计构思

合适的楼阁选址 ｜ 根据中国传统文化，依山就势建设的楼阁，其高耸的体量与气势可以很好地成为全园核心的统领地位。同时楼阁位于临湖一侧的山体顶面，各层的室外观景环廊可以提供一个登高望远、俯瞰全园的观览效果。该选址更好体现了作为核心公共建筑应有的"看与被看"的设计思想。

同时，吕梁阁的选址背有坐山和主山，且其主山之后有连绵的山脉向北延伸。选址的西侧有悬水湖，形成视线开阔的"明堂"，两侧为青龙、白虎山，主山、选址、悬水湖的延伸线为案山和朝山。形成"原其所始，乘其所止""内承龙气、外接堂气""龙穴砂水无美不收，形势理气诸吉咸备"的最佳选址。

仿汉建筑风格 ｜"秦唐看西安，明清看北京，两汉看徐州"。徐州历史悠久，文化底蕴深厚，其中以两汉文化（"汉代三绝"——汉兵马俑、汉墓、汉画像石）最具代表性。该项目以传统楼阁为载体，以汉文化为内涵，因借吕梁山水，实现"徐州特色，世界闻名"的设计效果。

鸟瞰图

吕梁阁实景

创新亮点

新材料、新技术、新工艺应用 | 建筑在结构形式上采用了钢框架——钢筋混凝土核心筒结构体系，整个建筑从下往上呈逐渐收进，结构布置规则对称。

结构装配：除核心筒采用混凝土外，其余结构包括竖向的梁柱、装饰的斗拱、檩条均采用钢结构，可在工厂加工，现场组装；楼板采用钢筋桁架楼承板，减少现场支模及湿作业。

立面装配：外包铝板、玻璃幕墙、金属屋面均是标准化构件，工厂生产，装配式施工。整个建筑预制装配率可达到 71.63%，装配式建筑综合评定等级为二星级。

建筑色彩创新 | 吕梁阁在外形设计上，大胆摒弃传统建筑物过于写实的色彩，檐下斗拱、连檐、梁和柱、金属栏杆等均使用了纯色的仿栗色，金属瓦屋面呈深灰色，顶层屋脊采用金箔外贴，这对于吕梁阁的整体效果提升尤为关键，为确保金箔的光泽度和耐久性，采用"敷贴法"（共13道工序）实施。

吕梁阁的设计建造过程充分体现了工业化生产、装配化施工、信息化管理的时代特征，是一座充分与环境相融合、采用现代建筑材料以体现仿汉楼阁风貌的现代建筑。

吕梁阁实景

一云落雨

理性主义与浪漫情怀的邂逅

第十三届中国（徐州）国际园林博览会
国际馆

项目地点 / Location
徐州市铜山区吕梁山

建成时间 / Built Time
2022 年

项目规模 / Scale
建筑面积：1332 平方米

建设单位 / Construction Institution
徐州新盛园博园建设发展有限公司

设计单位 / Design Institution
东南大学建筑设计研究院有限公司
南京究竟建筑设计研究有限公司

设计人员 / Designer
韩冬青　葛文俊　张　妙　陆在飞　陈东晓　金宁园
肖灵丹　杨豪广　陈俊安　欧阳良佳

施工单位 / Constructed by
中建科技集团有限公司

相关奖项 / Awards
2021 年江苏省装配式建筑示范工程

园博图鉴——新时代江苏园博精品

区位图

总体鸟瞰场景

画龙点睛 — 场馆建筑

总体概况

一云落雨为第十三届中国（徐州）国际园林博览会国际馆，位于徐州铜山区丘陵地带的山谷中，四周自然植被极好，本案着重体现"绿水青山就是金山银山"的生态发展理念，最大化保留自然植被。三个主要展示馆总面积达到918平方米，但占地面积仅为3平方米（每个展示馆的接地面积仅为1m×1m）。如此轻盈的姿态，体现了建筑对自然的尊重与敬畏。

园
博
图
鉴
——
新
时
代
江
苏
园
博
精
品

建筑夜景

设计构思

对立与统一，差异与融合 |"一云落雨"设计力图诠释理性主义与浪漫主义的对立与统一。建筑采用正四棱锥作为母体，表达了纯粹的理性主义。建筑的屋顶呈正四棱锥，基座呈倒四棱锥，如同芭蕾舞者踮起脚尖，单足站立在一片柔美浪漫的自然风致园林之上。建筑代表的理性主义与景观呈现的浪漫主义形成巨大反差，折射出国际上不同文化的差异与融合。

花卉馆立面图　　　　种子馆立面图　　　　乔木馆立面图

建筑立面示意

建筑顶视图

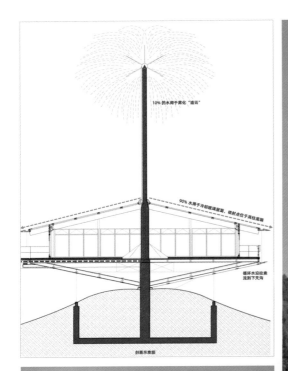

园博图鉴——新时代江苏园博精品

建筑细节

建筑实景

创新亮点

来自于建筑、结构、设备专业的协同创新 | 为了获得"轻触大地的优雅姿态",倒四棱锥形的建筑基座的接地面积仅为1m×1m,独柱结构通过三角形桁架悬挑承受楼板与屋面的重力荷载。为了抵抗水平力,在倒四棱锥的每条棱上引出3根拉索,与埋于地下的基础相连接,12根拉索协同作用可以抵抗地震或飓风带来的水平力。为保证建筑与地面相接点的尺寸足够小,形式足够简约,国际馆所需的设备管线,包括上下水、冷媒管、强弱电等都通过坡道下方的结构腔体与地面相连接,从而保证倒四棱锥与地面相接处只是纯粹的结构。

从节能减排到雨水花园 | 为展示植物与花卉，每个展馆都是一个玻璃顶的温室，充足的日照可以确保植物生长获得足够的阳光，并且减少冬季采暖能耗，然而玻璃顶也会导致夏季温度过高。为解决过热问题，我们在每个展馆上方竖立一根立柱，在最高处喷射雾化水形成一团不会飘走的云朵。同时在立柱与屋面的连接处设置喷水装置，用来冷却屋面。屋面上的水可通过檐口的天沟收集：在天沟最低点布置一根钢索，每隔1.2米水平钢索会通过一个三通引出另一根垂直钢索向下穿过天沟，将水引到扶手旁的下天沟，钢索的存在确保水滴不会随风飘散。三个展馆的下天沟由廊道相连，可将水从高到低引入雨水花园，用于周边景观的灌溉。

夜景图

沿街图

各方声音

最大限度地还原自然山丘地貌，展现生态文明的价值和意义，激发观者对当代绿色美学的探索兴趣，是这个小型项目创作的核心动机。如果技术创新能有效地服务于文化品质的呈现，也就展现了设计理性的根本目标。

——韩冬青 ｜ 全国工程勘察设计大师、东南大学建筑学院教授

葛文俊 ｜ 究竟设计主持建筑师、东南大学建筑学院客座讲师

时光艺谷

新建筑，轻介入

**第十一届江苏省（南京）园艺博览会
主展馆**

项目地点 / Location
南京市江宁区汤山

建成时间 / Built Time
2021年

项目规模 / Scale
用地面积：77300平方米
建筑面积：52300平方米

建设单位 / Construction Institution
江苏园博园建设开发有限公司

设计单位 / Design Institution
中国建筑设计研究院有限公司本土设计研究中心
中国建筑设计研究院有限公司无界景观工作室
中国建筑设计研究院有限公司室内空间设计研究院

设计人员 / Designer
崔　恺　关　飞　董元铮　付轶飞　刘亚东　毕懋阳
张嘉树　王德玲　郭一鸣　窦　强　刘佳凝　卫嘉音

施工单位 / Constructed by
中国建筑第八工程局有限公司

园博图鉴——新时代江苏园博精品

区位图

总体鸟瞰场景

SHI GUANG YI GU

时 光 艺 谷

总体概况

时光艺谷为第十一届江苏省（南京）园博会主展馆，位于博览园西北主入口南侧，现存昆元白水泥厂及银佳白水泥公司地块，用地北接博览园西北入口，南临观景平台和石谷花园景区，西侧为基本农田用地，东临城市展园。主展馆采用"轻介入"的设计策略，依托场地内多样的工业建筑遗存和丰富的高差，以纤细的钢构装配体系实现轻盈的现代化展厅群落，使绿色的艺术花园弥漫萦绕在粗粝的工业厂房之间，用绿色空间弥合工业生产对山体和自然产生的破坏，使破败的工业废墟重生为绿意盎然的现代园艺展馆，为南京市民提供一座富有体验性和生态性的公共建筑，成为"永远盛开的南京花园"。

实景鸟瞰图

C筒仓实景图

A筒仓实景图

酒店实景图

C区实景图

设计构思

主展馆以水泥厂遗址作为建设基地，以修复生态，织补城市功能，创造绿色美好的城市新型公共绿化空间为目标，尊重"生态"与"遗产"是主展馆在设计中秉持的重要价值观。"轻介入"的设计策略也使建筑具有更高的灵活性，以适应多种功能、多种类型空间的需求，同时兼顾展后改造和再利用。

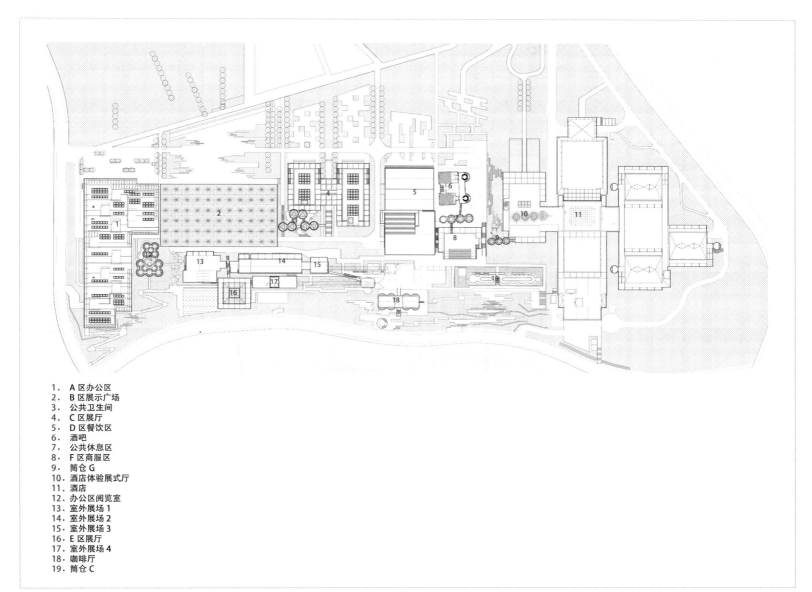

1. A 区办公区
2. B 区展示广场
3. 公共卫生间
4. C 区展厅
5. D 区餐饮区
6. 酒吧
7. 公共休息区
8. F 区商服区
9. 筒仓 G
10. 酒店体验展式厅
11. 酒店
12. 办公区阅览室
13. 室外展场 1
14. 室外展场 2
15. 室外展场 3
16. E 区展厅
17. 室外展场 4
18. 咖啡厅
19. 筒仓 C

总平面图

创新亮点

"轻的结构"——采用装配式钢结构系统，实现环保和快速的建设过程；

"轻的形象"——纤细的结构构件结合攀爬类垂直绿化，打造轻盈的建筑形象，与工业建筑的粗糙厚重产生对比；

"轻的态度"——无边的绿色花园弥漫在工业遗址之上，使建筑消解自身形象，消失在自然。

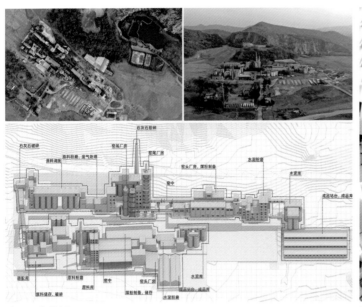

遗址现状分析

先锋书店内景1

园博图鉴——新时代江苏园博精品

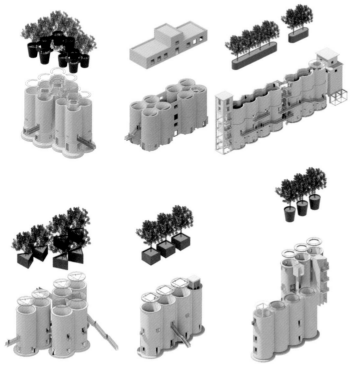

筒仓轴测图

先锋书店内景2

秋日露营   春日赏樱

冬日滑冰   夏日烟火

各方声音

在如何对待工业遗产这个问题上，主展馆呈现出一种新的做法。涉及工业遗产改造，大家已经形成一种共识，即尽量保留工业遗产并使之成为主角，新的介入主要作为配角缝缝补补。新建筑弥补了原有工业遗存的不完整性，并赋予其新的功能，也赋予一种新的尊严，尽管是处在园艺博览会的特殊环境中，相信在未来它将获得新的发展契机。

——李兴钢 ｜ 中国建筑设计研究院总建筑师，全国工程勘察设计大师

湖山寻石

地质永恒，精神不灭

第十一届江苏省（南京）园艺博览会
地质科普馆

项目地点 / Location
南京市江宁区汤山

建成时间 / Built Time
2021年

项目规模 / Scale
用地面积：38000平方米
建筑面积：13000平方米

建设单位 / Construction Institution
江苏园博园建设开发有限公司

设计单位 / Design Institution
上海大舍建筑设计事务所
南京长江都市建筑设计股份有限公司

设计人员 / Designer
柳亦春 陈晓艺 王 畅 武 锐 沈 伟 李 涛
李 威 梅孝满

施工单位 / Constructed by
中国建筑第八工程局有限公司

区位图

总体鸟瞰场景

湖 山 寻 石

相关奖项 / Awards

2022 年江苏省优秀工程勘察设计行业奖（建筑环境与能源应用设计）二等奖、（建筑结构与抗震设计）二等奖

2022 年南京市优秀工程设计奖（综合设计奖建筑工程）一等奖

总体概况

湖山寻石为第十一届江苏省（南京）园博会地质科普馆，位于东北入口东南侧，既作为地质科普基地，又有效保持工业遗址的年代感，创造园内独具特色的文旅休憩景点。地质科普馆片区最大限度地保留了场地内有价值的工业建筑，通过植入从现有工业遗存中分析萃取的建筑语汇演绎当代新建筑，将原湖山矿碎石厂区的筒仓及传送带、碎石间、机修车间、停车库等工业建筑改造为集娱乐餐饮、文化休闲、展示游览、科普教学等多种功能于一体的高品质园区综合体。

设计构思

作为博览园地质科普及其相关文化展示的特色区块，巧妙结合了区域内部游览火车的北门总站，补充加强了园博会北门区域的游客综合服务功能，这也是充分考虑项目后续利用的有效举措。设计充分结合了场地地质地貌及生态环境，最大量地保留了场地中的现有大树、特色植被及其自然地形，同时也保留了场地内有价值的工业建筑，通过植入从现有工业遗产中分析萃取的建筑语汇所演绎的当代新建筑，使场地的自然历史、人文历史与当代文化相互联系并交织成新的有机整体，提升了博览园北入口的整体文化形象。

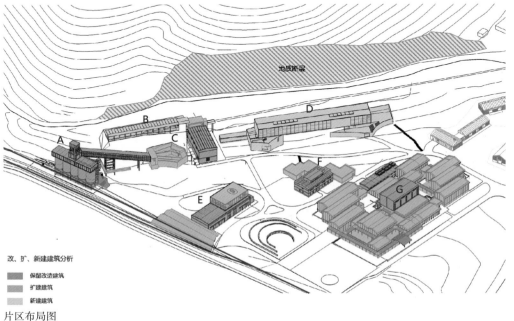

改、扩、新建建筑分析

■ 保留改造建筑

■ 扩建建筑

■ 新建建筑

片区布局图

博物馆

地质科普馆

地质科普馆

创新亮点

本项目是对工业遗存保护与再利用的一次积极尝试。项目的技术难点在于如何保留部分既有建筑的工业风貌，协调新扩建建筑的风格使之与环境相适应，同时创新保温构造，从而保留既有部分的原来立面材质。结构设计上根据建筑实际需求灵活采用了多种结构体系，改造部分建筑尽量以修复加固为主，保持原有结构体系，延续工业建筑风格。设备管线采取隐蔽设计，最大限度展示原有建筑室内形象。

各方声音

该作品的突出特点在于：通过新的形态结构组织方法，结合新的功能需求，把工业建筑的遗存和既有的地貌形态转换为富有感染力的新的空间环境。修复加固、性能优化、新型材料的综合运用成为助力环境目标的有效手段。创造出于轻松闲适中感受时空交叠的文化意蕴。

——韩冬青 | 全国工程勘察设计大师、东南大学建筑学院教授

南京园博园地质科普馆巧妙结合了区域内部游览火车的北门总站，以及场地地质地貌及生态环境，补充加强了园博会北门区域的游客综合服务功能，使场地的自然历史、人文历史与当代文化相互联系并交织成为一个新的有机整体。

——《新京报》

园博图鉴——新时代江苏园博精品

小火车站、餐饮、办公

琼阁飞虹

寄情山水，一座展示中华文化意象的
新型现代绿色木结构建筑

第十届江苏省（扬州）园艺博览会
主展馆

项目地点 / Location
扬州市仪征枣林湾

建成时间 / Built Time
2018 年

项目规模 / Scale
用地面积：32700 平方米
建筑面积：14300 平方米

建设单位 / Construction Institution
扬州园博投资发展有限公司

设计单位 / Design Institution
东南大学建筑学院
东南大学建筑设计研究院有限公司
南京工业大学建筑设计研究院

设计人员 / Designer
王建国　葛　明

施工单位 / Constructed by
苏州园林发展股份有限公司

区位图

主展馆实景

画龙点睛 | 场馆建筑

相关奖项 / Awards
2021年全国优秀勘察设计一等奖
2020年度全国绿色建筑创新奖一等奖
2020年香港两岸四地建筑设计大奖优异奖
2020年江苏省第十九届优秀工程设计一等奖
2020年江苏省城乡建设系统优秀勘察设计一等奖
2019—2020年度中国建筑学会建筑设计奖（公共建筑奖）一等奖、
（结构专项）三等奖

总体概况

琼阁飞虹为第十届江苏省（扬州）园博会主展馆，位于博
览园入口展示区。主展馆建筑充分展现了扬州地域历史
文化特点，在建筑设计、结构、材料、建造及新技术运
用等方面做了大胆尝试和创新。通过对扬州历史文化和
传统园林的挖掘，按照博览园"山水辉映、江湖交汇"的
总体布局，主展馆以清代袁耀所绘《扬州东园图》题额
"琼阁飞虹"为设计主题，采用唐宋建筑风格，融入自然
山水元素。主体建筑为院落式，依地形交错叠落，营造
出"开门见山，胸有丘壑"的美妙画意。

园
博
图
鉴
——
新
时
代
江
苏
园
博
精
品

首层平面图

二层平面图

花阁-花谷剖面

花厅-花阁剖面

建筑实景

设计构思

主展馆是第十届江苏省（扬州）园艺博览会的标志性建筑，也是2021年扬州世界园艺博览会的主要展览建筑，提出六大设计原则：自然之谐、文化之脉、地标之美、功能之序、科技之新、持续之用，以及五大设计目标：国际视野的园博会展馆、江苏省"绿建+"示范工程、新扬派地方风格、园艺新体验、现代木结构。

园博图鉴——新时代江苏园博精品

实景鸟瞰图

局部实景

创新亮点

主展馆功能完备、流线清晰，设计了林壑室外展场、精品单元展厅、花卉大型展厅和高科技园艺展厅。

主展馆也是目前第一个运用双向张弦体系的木结构建筑，也是国内最高单一空间胶合木建筑。建筑总体采用带支撑的框架结构，创新运用木柱与核心钢管的组合柱，结构抗侧性能优越，木结构采用隐性装配式金属，提升节点延性又兼顾简洁美观。主要木构件均由工厂加工生产、现场装配建造，不仅是绿色建造，符合节能环保要求，而且有效提升了施工效率，对绿色设计和可持续发展起到积极示范作用。

鸟瞰平面

景观交融的展示序列

展厅从入口的集中空间到北侧转变为三个精致合院，游人的观赏序列随层层跌落的水面依次展开。展厅与林壑交织的洄游式路径使得建筑与景观、室内与室外充分融合。

山水格局和地域文化意象的表达

主展馆汲取扬州当地山水建筑和园林特色的文化意象，表现了扬州园林大开大合的格局之美。建筑南入口以高耸的凤凰阁展厅开门见山，与科技展厅以桥屋相连。桥屋下设溪流叠石，随现状地形层层下行，延续至北侧汇成水面，形成了内外山水相贯之景。

———

各方声音

木结构是中华文化传承发展的重要载体，是实现可持续发展、绿色低碳的重要途径，是建筑潮流创新发展的重要选择，也是建筑产业跨越发展的重要引擎。园博会主展馆深入研究了木构建筑的传承与设计探索，以木结构的创新建造方式，实现了传统材质和现代工艺的完美融合，具有探索、示范、引领的积极作用。

——王建国 | 中国工程院院士，东南大学建筑学院教授

建筑立面

水岸廊院

太湖边，与水的对话

第九届江苏省（苏州）园艺博览会
苏州非物质文化遗产博物馆

项目地点 / Location
苏州市吴中区临湖镇

建成时间 / Built Time
2016 年

项目规模 / Scale
建筑面积：14000 平方米

建设单位 / Construction Institution
苏州市园林和绿化管理局
苏州市吴中区人民政府
苏州太湖园博实业发展有限公司

设计单位 / Design Institution
直向建筑

设计人员 / Designer
董 功　刘 晨　周 飏　王艺祺　孙栋平　赵 丹
李 柏　侯瑞瑄　叶品晨　王依伦　张 恺

施工单位 / Constructed by
苏州第一建筑集团有限公司

相关奖项 / Awards
2017 年"Blueprint Awards"最佳公共项目–公共
基金资助类别表彰奖
2017 年全国优秀工程勘察设计行业奖（建筑工程公建）
一等奖

区位图

东南视角鸟瞰

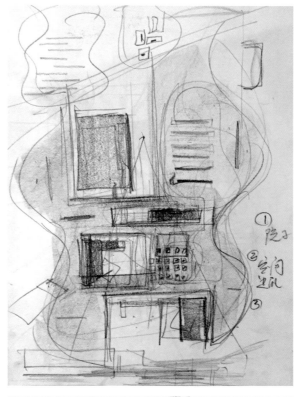

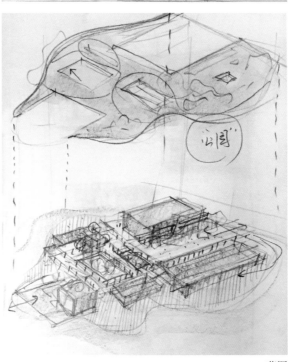

总体概况

水岸廊院为第九届江苏省（苏州）园博会苏州非物质文化遗产博物馆，坐落于博览园东侧。这片水绕三方风景秀丽的土地曾属于一个离太湖不远的古老村庄，乡村一派江南田园风光，粉墙黛瓦的小房子在大片开阔田野及太湖美景的衬托下，既勃勃生机，又相对自然。本届博览园则是一个以自然为主题的大型展场，因此新的建筑如何恰当地介入这方场地来强化建筑与自然的融合，成了设计师思考的起点，也带来了最初的设计启发。

草图

观景塔南立面

从覆土屋顶看向餐厅和观景塔

模型照片

下沉庭院

东南视角鸟瞰

剖面图

设计构思

从切分建筑的体量开始：一组功能各不相同的建筑群被设计作为一个大型综合功能体量的替代，减少了它本该对周边自然环境产生的压力。然后这些分散的建筑体量会被植入不同的院落之中，形成每个院落各自的主题性构筑物，比如球形影院、非物质文化遗产博物馆门厅、观景塔及餐厅。这一系列并置的院落组成了地面上基本的空间结构，而这其中的一部分院落会深入至地下，形成的下沉庭院不仅能给地下的入口门厅、办公空间及停车场带来自然采光和通风，同时也会让地面上主要的空间体验变得更加丰富和立体。而原始的单一建筑在被拆分成为建筑聚落之后，大部分的体量会被掩埋在一层覆土屋顶之下，随着半岛土地本身起伏的走向而隆起，进一步消隐这个新建筑对周边开阔田野环境的压迫感，保持这个绿色岛屿一种相对初始的自然形态。

餐厅入口和亲水平台

覆土屋顶公园

首层平面图

二层平面图

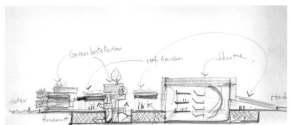

草图

覆土屋顶公园

创新亮点

所有的院落和建筑主体会被风雨连廊不间断地连接在一起。在江南多烟雨的气候条件下，人们可以通过连廊在不同的院落和建筑群之间随意移动而不必担心多变天气的影响；同时在烈日炎炎的夏日里，它遮阴避阳的功能也可以给游人带来清凉，为人们在户外的停留驻足创造更多的可能。这种本地的空间意象给我们带来的启发除了有空间动线上的设置，还有对建筑主体空间的处理。比如，在餐厅的设计上，除了营造基本的室内使用空间及户外平台空间，取消了几个单元空间的玻璃幕墙，尝试创造介于室内及室外之间的模糊空间。人们可以在这种更亲近自然的空间内用餐、休憩、远眺美景；在观景塔的设计中，沿着登高的流线，打开部分清水混凝土围护结构，创造了空间在不同高度上与周围景观更贴近的紧密关系，同时观景塔这种介于室内及室外的活动空间，能赋予人们更多样化的使用体验。

从整体的空间构架来说，这个建筑受到很多苏州本地空间原型的影响。在整个园区内部流线的设置中，以南北方向的纵深作为人流的集散方向，它从马路处的入口直通半岛尽头的码头。因此在这个方向的设计上，空间格局的走向也带来了视线上既包含一定层次体验，又相对直白的通透性。而在东西方向幅宽的设置上，它几乎是一个建筑层叠的遮掩状态，但在一些重要的庭院空间里仍然设置了一些偶然的瞬间，让人们有机会看穿建筑的体量，窥视到场地周围的自然环境。比如在门厅处，人们能透过玻璃幕墙看到对岸的美景；而在前往餐厅顶部的途中，有一处朝西打开的走廊提供了一个远眺的契机。

当深入至每个具体的建筑体量时，不同院落的主体性空间都表现出各自独特的功能和特征。比如，球形影院表层的竹木格栅十分轻盈，可以在一定程度上软化并削减它巨大的体量感。当藤蔓随着时间逐渐覆盖，它最终会形成一个半透明的绿植表层，让这个房子更和谐地融入周围的环境，并和覆土屋顶及庭院形成围合的状态，呼应了场地以自然为主题的核心。观景塔则是在整个园区偏向水平向移动的基础上，做出的一个垂直向上的强调。它作为一种建筑体验上的补充，在功能上则创造了一个可以俯瞰全景及眺望远处开阔祥和田园风光的机会。而面对银杏树林的餐厅则被赋予了亲水的特性，它坐落在最亲近河流的半岛南端尽头，让人无论在餐厅的室内空间还是室外平台用餐时都可以在东南西三个方向上看到临河的自然美景。同时，在进入餐厅楼梯的入口时，人们还需要历经一段亲水平台的行走体验。

相较于地面层功能体块组织出的更具建筑性的空间体验来说，覆土屋顶作为开放的城市公园，则给游人提供了休憩放松的片刻时光。这个由覆土屋顶形成的大尺度的公共空间，除了是一个植被层次丰富而和谐的空中花园，也同时具有户外用、儿童活动及小型室外展览平台等功能。人们在享受户外美景的同时，也可以在此举办各种活动，包括宴会、表演、教育或各种互动节目，享受除了文化知识展示之外的各种娱乐和教育的功能。

南立面

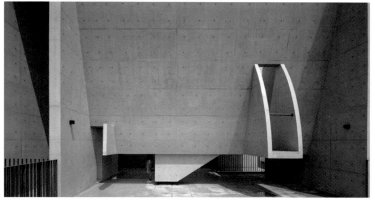

观景塔平台

餐厅楼梯

各方声音

水岸廊院采用分散的建筑体量和干净利落的清水混凝土材质，表现地域性的建筑思考，建筑与建筑之间主题院落的过度及风雨连廊的连接自然有机，覆土屋面定义了建筑与自然、室内及室外之间的模糊空间，充满属于江南的光影和烟雨。

——张雷 | 江苏省设计大师、南京大学建筑与城市规划学院教授

我们的策略是按照功能的区别把此项目的综合体量拆分，并置入不同的院落，然后利用风雨连廊让它们彼此连接。这种空间格局的设置受到了本地建造方式的影响，长久以来时间已经证明了它和当地的生活方式及生活习惯的契合度。

——直向建筑

清趣園

岩秀園

雲池夢谷

時光天塹

穹石尋夢

石谷探幽

綠蔭拾趣

瓊華仙璣

石林小苑

04

曲尽其妙

公 共 景 观

清趣园

山水以形媚道，因地制宜，巧于因借

第十三届中国（徐州）国际园林博览会
清趣园

项目地点 / Location
徐州市铜山区吕梁山

建成时间 / Built Time
2022年

项目规模 / Scale
34700平方米

建设单位 / Construction Institution
徐州新盛园博园建设发展有限公司

设计单位 / Design Institution
深圳媚道风景园林与城市规划设计院有限公司
苏州园林设计院股份有限公司

设计人员 / Designer
孟兆祯 何昉 孟凡 薛晓飞 谢晓蓉 锁秀
严廷平 贺风春 洪琳燕 林俊英 万凤群 王筱南
沈贤成 卢晓 郭威 黄星高 黄燎原 刘楠

施工单位 / Constructed by
中建三局集团有限公司
江苏华苑环境建设有限公司

区位图

湖面视角

QING
QU
Y U A N
清 趣 园

曲尽其妙 ｜ 公共景观

相关奖项 / Awards

第十三届中国（徐州）国际园林博览会特别贡献展园、优秀设计展园、最佳施工展园、最佳植物配置展园、最佳建筑小品展园、优秀室内布展展园、优秀园博会创新项目

总体概况

清趣园定位为秀满华夏廊中心山水园，由中国工程院院士孟兆祯主持设计。园博会秉承清正传世，博览园中小园亦当发挥中国园林传统的清趣。古今清风明月是永恒的清趣，绿水青山及因山构室，就水架屋的亭台楼阁、山林泉石、浓荫匝地、鸢飞鱼跃、鸟语花香的园林都是以清为趣。以清趣为题，为民谋清趣，亦赏心悦目。

湖心空处夯石兀起"敢当"醒人，大振时风，体现了"为民谋福"的担当精神，与此相印的是文人写意自然山水园的地望。

园内景观

设计构思

清趣园南有三公顷半用地留作山水园，其地界成倒丁字形，横长竖短，西阔东狭。据此地宜掘"澄塘天鉴"，寓和平玉宇，澄清万里，横陈竖张，欲放先收，极尽漂远之能事，实践《园冶》"构拟习池"之教诲。地脉自北向东，西递降筑土山，自成低岗大壑，在空山空壑之南背山面水。透阴抱阳处起"彭城水驿"，重檐歇山下层出抱厦，南临水栏杆平台伸入水湾，岸壁一双吉祥护水兽。岸上东安"清风"，西建"明月"寓"山川异城，风月同天"。东廊爬山连"团金亭"，十字脊重檐歇山方亭，西廊转折连上"拥翠客舍"。水面上九米多高的特置山石引人注目，竖刻"迎来清风满乾坤"，峯下有镌"修鳞"之小品"石鱼知深"，传统水位尺之发挥也。岸上"睦亭"挽子并肩，水泽后山背壑中设"洗心泉"。西南主入口有松墙横云石组合的"云牖松扉"，向东眺景，水景深远，景色层次丰厚，不尽欣赏，潭中心逆水入荫泊"共济花舫"，共济迁想同心，舫内香茗清鱼，画窗外秀色堪餐。更兼有"永济"汉白玉石拱桥跨水相通南北。

等高线高程差一米，土岗处外陡内缓，园内有2%~5%自然起伏地形。岗上竹柏混植，岗下庭荫花木尤桂花、梅花加宿根花卉，白茅梳风，众香清送。受阳水岸，浅水仅十余厘米，种植季节交替以夏秋为主的花丛、花境、水生挺水植物，亦可设计水生花境。园路主路三米，小路半米，三叉交汇，路口放大，实践"道莫便于捷而妙于迂"处之可觅诗，悦目更赏心。

创新亮点

因地制宜，梳理场地，在西、北、南三侧形成坡地，东侧打开，借三侧山地景色于园内，并形成高低层次的大空间格局；中部洼地梳理形态，自然形成汇水湖面，呈现丰富的山水格局。

松石迎客 ｜ 西南主入口有松墙横云石组合的"云慵松扉"，迎客造型松环抱"云慵松扉"景石；两三棵造型各异的黑松点植两旁，形成"松为门"意境，夹道相迎。

滨水作榭 ｜"花语禅心"榭向东眺景，水景深远，景色层次丰厚，不尽欣赏。场地中心掘"上善碧潭"，水面上特置山石引人注目，竖刻"迎来清风满乾坤"，西侧竖刻"敢当"。岸上"睦亭"挽子并肩。

靠山立驿 | 西端开敞处向北出水湾，挖工筑"团金拥翠"之岗，透阴抱阳处起"彭城水驿"。岸壁立一双吉祥护水兽。

岸上东安"清风"，西建"明月"，共享清风明月之秀雅。东廊爬山连"团金亭"，西廊转折连上"拥翠客舍"。硬山二层楼不忘"有朋自远方来不亦乐乎"之初想。

水中起舫 | 潭中心逆水入荫泊"共济花舫"，舫内香茗清鱼，画窗外秀色堪餐，共济迁想同心。

清趣园

水中起舫

植物意境

植物意境 ｜ 植物造景呈现绿荫护夏、红叶迎秋、霜雪傲冬以迎春之景。

风格上清新风雅、淡素脱俗，园林植物景观着重凸显意境美。坡地松石竹柏青翠，缓坡林木葱郁，灌木花草植于林前；庭荫花木桂花、梅花等众香清送；水岸柳丝轻抚，浅水处白茅清风、缀水生花境；小径选择枝叶扶疏、色香清雅的花木，曲径通幽、暗香浮动。

各方声音

第十三届中国（徐州）国际园林博览会在江苏徐州举行，丰富多彩，精彩焕神。徐州沃土，又放青春。古木新花，蕴藏不尽。徐州是中国古代九州之一，秉性安舒，兼江苏、安徽、山东三古文化省地利。园博园南有3.5公顷良地划为园内公共绿地供游客游息。何昉大师恩请我与他们合作提出总体方案。我在"敢当"的感召下慨然应允，昼夜深思，尽全力完成重任，唯恐难成。观这块地大势，为东西长、南北短之直角曲尺形。似英文"L"字母。焦点宜在分角线上。园博会体现了清正传世，园博会中小园亦当发挥中国园林传统的清趣。古今清风明月是永恒的清趣。绿水青山及因山构室、就水架屋的亭台楼阁，山林泉石、浓荫匝地、鸢飞鱼跃、鸟语花香的园林都是以清为趣，小园的主题就这么定了。为人民谋清趣，赏心悦目，湖心空处夯石兀起"敢当"醒人，大振时风，与此相印的是文人写意自然山水园的地望。

——孟兆祯 ｜ 中国工程院院士、北京林业大学园林学院教授、博士生导师

岩秀园

废弃宕口的生态更新

**第十三届中国（徐州）国际园林博览会
岩秀园**

项目地点 / Location
徐州市铜山区吕梁山

建成时间 / Built Time
2022年

项目规模 / Scale
46900平方米

建设单位 / Construction Institution
徐州新盛园博园建设发展有限公司

设计单位 / Design Institution
深圳媚道风景园林与城市规划设计院有限公司
苏州园林设计院股份有限公司

设计人员 / Designer
何 昉　谢晓蓉　沈 悦　锁 秀　王筱南　李 培
包满珠　洪琳燕　王永喜　岳子煊　邵 瑜　郑雅婧
万凤群　马晓玫　罗茹霞　罗萍嘉　李 莎　黄 赳

施工单位 / Constructed by
中建三局集团有限公司
江苏智仁生态环境建设工程有限公司

● 岩秀园（宕口花园）

区位图

实景图

曲尽其妙 | 公共景观

相关奖项 / Awards

第十三届中国（徐州）国际园林博览会最佳展园、
优秀设计展园、最佳施工展园、最佳植物配置展园
最佳建筑小品展园、最佳园博会创新项目

总体概况

岩秀园位于徐州龟山采石场，原状场地内
大面积岩石裸露，地形低洼且水土流失严
重，无任何植被覆盖，宕口断崖相对高度
达157米，生态环境质量恶劣。

岩秀园从边坡治理、微地形调整、土壤基
质改良、构建自稳定复合植物群落几个维
度出发，改善困难立地条件，重塑营养型
基质层，实现植被群落稳定快速恢复，构
建了安全稳定的生态系统，将昔日岩体裸
露、坑洼不堪的宕口，打造成林木葱郁、
环境清幽的生态公园，实现废弃宕口的生
态更新。

园内实景

设计构思

设计融合徐派园林源头性的假山园与"一带一路"走来的西方园林，集大成独创徐州特色宕口式花园。充分保留原有石材，部分区域新增相似人工景石，其间糅合两百多种奇花异草，塑造生态野趣、依山叠石、繁花似锦的宕口"植生活水岩貌"景观。塑假山铸"云起"之境，与宕口真山呼应，形成构图中心。登山可眺远山，瞰岩景，赏悬境，品高潮，打造人间悬圃仙境。

植物配置

园 博 图 鉴 ——— 新时代江苏园博精品

叠石假山实景

创新亮点

因地制宜，变废为景

岩秀园以北宋"溪山行旅图"为蓝本，在崖壁垒造种植穴，种植黑松，既保留山体灰色肌理，又利用植物软化其粗糙感，绘就自然崖壁画卷。巧妙利用宕口地势，形成叠水瀑布景观，以传统园林技法增加场地回合感，营造"明月松间照，清泉石上流"的意境。将中国山水画意寓于生态修复之中，形成富有文化特色的山体景观。

就地取材，事半功倍

园区东部的松石园，利用原有地形和山石，打造高低错落的四层平台，上层观远观山，中层观潭观塔，底层观石观花，层层风景异，步步有诗篇。

植物多样，改良生态

园区植物配置以徐州乡土树种为主，并创造性地运用适合当地气候的木本花境，用两百多种植物打造出一个缤纷浪漫的山体花园，从而以植物的多样性为引导，长效地实现整个宕口区域的生物多样性。

旧物利用，创新节能

巧妙使用徐州的代表性事物——旧轨道枕木和旧黑色砾石，象征徐州以前交通枢纽及资源城市定位，以新型pc材料及新型花境材料营造旱溪及多种硬质景观，隐喻着徐州从资源枯竭型城市向科技、生态复合型城市转型的曲折历程。

各方声音

岩秀园是徐州园博园次廊徐风汉韵廊的最重要节点。徐派园林发端华夏文明初始、独具南秀北雄、传承至今，具有典型的中西文化合璧的特色。徐州的叠石假山工艺早在秦汉时期就有相关记载（徐州出土汉画像砖中可见庭院中不乏假山塑石），同时徐州还是北太湖石的外围产石地之一，其假山叠石具有丰厚的历史底蕴。化腐朽为神奇，岩秀园以新时代徐州生态修复技术为骨架与支撑，以徐派园林源头性的假山园为形式，描绘了一幅生态野趣、依山叠石、奇花异草的山水画卷。

——深圳媚道风景园林与城市规划设计院

云池梦谷

开山解石寻玉翠，喷云吐雾地气升
雾光云色呈仙境，汤山胜景在云池

**第十一届江苏省（南京）园艺博览会
未来花园**

项目地点 / Location
南京市江宁区汤山

建成时间 / Built Time
2021年

项目规模 / Scale
99600平方米

建设单位 / Construction Institution
江苏园博园建设开发有限公司

设计单位 / Design Institution
中国建筑设计研究院有限公司本土中心

设计人员 / Designer
崔 恺 关 飞 李 威 李 斌

施工单位 / Constructed by
中国建筑第八工程局有限公司

区位图

总体鸟瞰场景

总体概况

云池梦谷为第十一届江苏省（南京）园博会未来花园，位于孔山之上，经过五十多年人工开采，形成的巨大崖壁呈阶梯状层层跌落，长1100米，深10米至22米不等。设计没有采取用植被恢复山体原貌的保守方法，而是营造了一处"云池梦谷"：山雨过后，荒芜的采石场升起地气，云雾渐渐注满矿坑，宕口变成了云池；溪水从山涧流下，顺着崖壁注入漂浮的湖泊，湖底是一片碧绿的植物园；人们背靠北崖席地而坐，云雾里的崖壁仿佛巨大的幕布，湖面是舞台，雾气中的彩色投光仿佛大自然的演出；在东侧高地，层层崖壁如石墩沿北崖展开，凿石为穴、为池，面向夕阳迎崖而居。有诗为证："开山解石寻玉翠，喷云吐雾地气升。雾光云色呈仙境，汤山胜景在云池。"

植物花园及观景平台实景图

植物花园内部实景图

湿生花园实景图

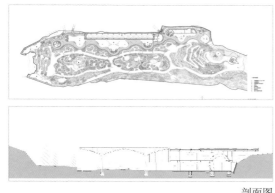

剖面图

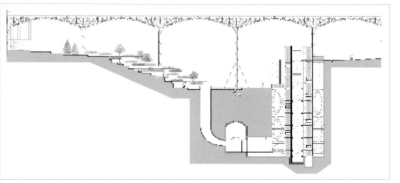

一层平面图

创新亮点

通园的秘径 ｜ 矿坑深处留有投料口，人们通过原本矿料出坑的小火车隧道进入，垂直电梯提升30米将人们从矿井底带入未来花园，新凿开的岩坑搭建了上下的楼梯。

消失的湖底 ｜ 1.6万平方米的亚克力蓄水屋面位于植物花园二级矿坑的顶部，底部完全透明。游客从山下通过扶梯达到一级坑顶中部的观景平台，能透过它俯瞰整个矿坑。亚克力屋面上方蓄水仅10厘米深，犹如"天空之镜"反射壮阔的崖壁，隐秘着水下的植物花园。

镜面的树林 ｜ 主体结构采用自平衡的树状结构，结构、装饰一体化的镜面不锈钢"树"，与自然树木共同构成植物园的生态。配套商业的幕墙也采用镜面不锈钢，对环境的反射消隐了建筑体量。

面崖的看台 ｜ 崖壁剧院实际上是露天的剧场，当人们席地而坐面对巨大的崖壁时，雾瀑将从崖顶倾泻而下，注入"云池"。舞台也是露天的，如同一个水滴悬浮在云池之上。

崖面消险产生的大量石料分拣保留装入不锈钢石笼，形成剧院内外大面积的石笼墙体；UHPC预制混凝土单元板块装配使屋顶形成层层的看台。崖壁舞台悬挑部分的吊顶采用镜面水波纹不锈钢板，鱼鳞状的表皮如同滴落的水体，映射着坑底红褐色的砂石。

崖壁剧院看台实景图

云池舞台底部实景图

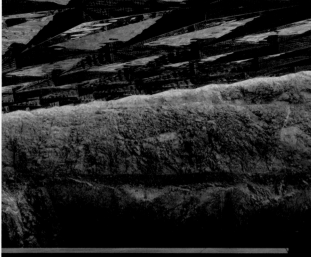

雪景鸟瞰图

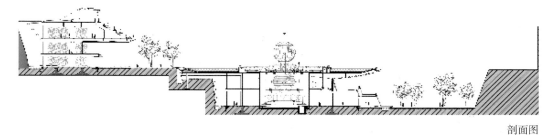

剖面图

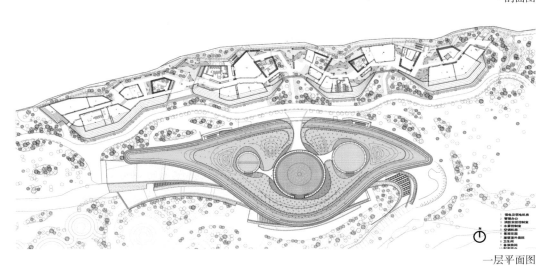

一层平面图

各方声音

面对巨大的矿坑时，我们最先想到的是更轻的东西——云。山里有云、云带来水，滋养着山里的树。将干涸的矿坑中造雾成云，是要改善坑中气候，有利于植物的生长，也为游人创造出凉爽的仙境，而云也是没有尺度的，是动态的、有空间感的，适合在很短的周期内让矿坑重现奇观，成本也不高。在云池的思路下，根据业主方的策划，又先后引入了植物园、崖壁剧院和酒店三个功能，我们仍然用"绿"且"轻"的基本策略进行设计。巨大的矿坑如今已是郁郁葱葱的绿色世界，让生态逐渐修复，让生活亲近自然。建成以后我数次回到这里，看到那一片生机盎然，有一种发自内心的满足感。

——崔愷 | 中国工程院院士，中国建筑设计研究院有限公司名誉院长、总建筑师

时光天堑

因地制宜，我们只是大自然的搬运工

第十一届江苏省（南京）园艺博览会
西平门入口广场

项目地点 / Location
南京市江宁区汤山

建成时间 / Built Time
2021年

项目规模 / Scale
100000平方米

建设单位 / Construction Institution
江苏园博园建设开发有限公司

设计单位 / Design Institution
张雷合创建筑设计（南京）有限公司
南京长江都市建筑设计股份有限公司
江苏省规划设计集团有限公司

设计人员 / Designer
张 雷 赵 敏 姜志远 殷文灿 袁智翔 黄 凯
李 威 戎 雪 陶 亮 张 弦 宋成兵 王 华

施工单位 / Constructed by
中国建筑第八工程局有限公司

区位图

总体鸟瞰场景

总体概况

时光天堑为第十一届江苏省（南京）园博会西平门入口广场，位于博览园主入口西侧，面对主入口广场呈阶梯状布置。方案通过连续的台阶和休息平台，将入口广场垂直延伸至整个游客服务中心的屋面，着重于场所的营造而非形式的象征性与标志性。形式即场所是新有机建筑的本质特征，建筑形态本身就是积极的开放性公共场所，使用者乐意亲近并能够充分体验。新有机建筑有助于重新定义建筑和人类之间不断疏远的生产关系，帮助侵蚀自然的大规模人类建造活动，重新回到作为生活场所的建筑起源。

园
博
图
鉴
——
新
时
代
江
苏
园
博
精
品

入口大台阶及跌水景观

设计构思

入口广场的大台阶充满仪式感和指向性，使某一刻的空间和时间变得特别。人类通过空间来感觉时间，从而看到不一样的自然，空间在时间之间的折叠形成独特且更具仪式感、归宿感的活动场所。仪式感使人、建筑和外在世界之间建立独特关联性的精神链接。

西平门是园区内外的联通道，游客穿越山体进入园区，如何使这个过程尽可能的自然，是方案设计的构思基础。天堑的处理，使通道犹如天然峡谷般鬼斧神工，又如桃源密径般曲径幽通，通道尽头豁然开朗，给游客一种时空转换的奇妙体验。

入口全景

环境中的游客中心

时光天堑

游客中心入口

建筑局部

创新亮点

本案延续场地的地理肌理和物质脉络，山体开凿的石块被采集利用，再现为游客服务中心外立面的石笼墙，体现了营造过程中人类回归自然的根本愿望。游客服务中心屋顶留出大量可以帮助绿植扎根生长的缝隙，构成具有生长潜力的空间，使建筑融入自然的生长过程。

各方声音

时光天堑通过折叠的空间语汇，将入口空间塑造成为充满仪式感和指向性的场所，天堑般的通道迂回曲折，两侧耸直的石墙犹如天然峡谷，通道尽头豁然开朗。游客服务中心外立面采用石笼墙，其大台阶屋顶延伸了入口广场的公共空间，建筑消融于自然。

——张雷 ｜ 江苏省设计大师、南京大学建筑与城市规划学院教授

穹石寻梦

探山麓穹石，寻云池梦谷

第十一届江苏省（南京）园艺博览会
浮石地宫

项目地点 / Location
南京市江宁区汤山

建成时间 / Built Time
2021年

项目规模 / Scale
125300平方米

建设单位 / Construction Institution
江苏园博园建设开发有限公司

设计单位 / Design Institution
江苏省规划设计集团有限公司

设计人员 / Designer
吴 弋 陶 亮 汤文浩 张 弦 夏思宇 李 威
李 斌

施工单位 / Constructed by
中国建筑第八工程局有限公司

区位图

总体鸟瞰场景

QIONG
SHI
XUN
MENG
穹 石 寻 梦

曲尽其妙 ｜ 公共景观

总体概况

穹石寻梦为第十一届江苏省（南京）
园博会浮石地宫，位于承接北安门与
"云池梦谷"片区的转换空间，该区域
通过开敞的丘陵地景、自然的水上火
车线和梦幻的浮石地宫节点，将游客
逐渐引入一个隐秘在自然环境中的充
满未来感与梦幻感的半地下空间。在
开敞与封闭、流水与回响、光与影交
织的感官体验中感受山地的壮阔，并
非常自然地联系了"云池梦谷"片区。

园博图鉴——新时代江苏园博精品

浮石地宫鸟瞰实景图

浮石地宫内部实景图

浮石地宫景观轴线实景图

设计构思

设计取义蕴藏于大地穹顶之中的温润晶石。这里承接了北安门的开阔山谷平原空间与"云池梦谷"幽深而神秘的矿坑空间。设计中通过对半地下空间及山体竖向空间的巧妙处理，充分利用现有地形、水体，营造了一片优美的山麓风光带。地宫、扶梯与水上小火车等景点为游客带来新奇、梦幻的游赏体验。

生态修复后的水体与水上小火车景观实景

园博图鉴——新时代江苏园博精品

通往"云池梦谷"的景观平台

创新亮点

浮石地宫在设计中通过运用空间的开敞与幽闭，材质的质朴与跳跃，设施尺度的体量对比，为游客营造出富有感官冲击力的游赏体验。同时在设计建造中应用了GRC预制混凝土、镜面不锈钢、透光混凝土等具备良好可塑性与表面质感的新型材料；并且采用数字建模、数字建造技术保证了实施效果的完美呈现。

曲尽其妙 | 公共景观

各方声音

浮石地宫巧借地形，采用现代手法，将北安门与云池梦谷两个景区连接于自然山势之中，创造了一个神秘而壮观的大地景观，游客从地下沿扶梯而上，空间开合，景观转换，富有冲击力的游赏体验展现了进入矿山的仪式感。

——吴弋 | 江苏省规划设计集团风景园林与旅游规划设计院院长顾问

浮石地宫鸟瞰实景图

石谷探幽

摹写意山水，探石谷野趣

第十一届江苏省（南京）园艺博览会
石谷花园

项目地点 / Location
南京市江宁区汤山

建成时间 / Built Time
2021年

项目规模 / Scale
88400平方米

建设单位 / Construction Institution
江苏园博园建设开发有限公司

设计单位 / Design Institution
江苏省规划设计集团有限公司

设计人员 / Designer
吴 弋 陶 亮 汤文浩 张 弦 夏 韬 夏思宇
李 威 李 煜

施工单位 / Constructed by
中国建筑第八工程局有限公司

区位图

总体鸟瞰场景

石谷探幽

SHI GU TAN YOU

曲尽其妙 —— 公共景观

总体概况

石谷探幽为第十一届江苏省（南京）园博会崖畔花谷，位于园区西端，通过水体治理、植物修复和景观织补，保留了矿坑和自然崖壁，拓展了周边绿地，提升了自然景观，整体采用写意山水的造景手法，打造了以"石"为主要景观元素的现代写意山水园，织补联系了园区两个入口和主展馆片区。同时，完善了游览体系和配套设施，融入了相应休闲功能，形成了园区独具自然特色的风貌片区。

写意山水园局部实景

石巷之门实景图

设计构思

石谷花园采取了写意山水的造景手法，以细沙碎石铺地为基础，按照山水写意的布局叠放多组石头，再植入造型别致的松树，构成一片充满禅意的袖珍式园林景观。

写意山水园局部实景图

园
博
图
鉴
——
新
时
代
江
苏
园
博
精
品

石谷花园太明湖实景

创新亮点

意向上主要有三个特性，其一是静，身处其中令人全身放松，一颗禅心逐渐归于平和平静。其二是雅，从碎石的颜色、布局，到石块与松树的造型，无不雅致。其三是达，从此处向前，崖壁气势恢宏，朴实坦荡而又无边开阔，给人豁达愉悦的游赏体验。

各方声音

山中盛景，"谷谷"有色，崖畔花谷通过石塘、绿岛与远山将崖壁宕口的自然美景与碑材文化完美融合，运用浪漫主义手法营造出"静、雅、幽"的山谷意境，勾勒出一幅禅意山水画卷，让人在自然的幽静中追寻内心的平静与安宁。

——相西如 | 江苏省设计大师、江苏省规划设计集团首席技术总监

绿荫拾趣

多彩童乐，描摹自然

第十届江苏省（扬州）园艺博览会
童乐园

项目地点 / Location
扬州市仪征枣林湾

建成时间 / Built Time
2018 年

项目规模 / Scale
20000 平方米

建设单位 / Construction Institution
扬州园博投资发展有限公司

设计单位 / Design Institution
江苏省规划设计集团有限公司

设计人员 / Designer
吴 弋 刘小钊 陶 亮 汤文浩 孟 静 陈京京
张 弦 宋成兵

施工单位 / Constructed by
苏州园林发展股份有限公司

相关奖项 / Awards
2020 年江苏省第十九届优秀工程设计一等奖
2020 年中国风景园林学会科学技术奖（规划设计奖）
一等奖
2019 年江苏省城乡建设系统优秀勘察设计一等奖

区位图

总体鸟瞰场景

LÜYIN
SHIQU
绿荫拾趣 🔲

曲尽其妙 ｜ 公共景观

总体概况

绿荫拾趣为第十届江苏省（扬州）园博会童乐园片区，位于博览园西北侧，是一处以丰富的游览路线和多样的互动体验为特色的人性化趣味空间组合。林荫活动区通过一条夜光跑道，串联了秋千、帐篷、梅花桩、吊床等无动力儿童活动设施，同时利用水、雾、石、木、土等自然元素和趣味大草帽、巨型大兔子等特色绿雕，既丰富了景观，也增加了童趣；滨湖休闲区以滨水木栈道为主线，沿途可观园冶园、景观塔，达到步移景异的景观效果。

凌云塔实景

设计构思

童乐园通过特色情境的营造，安排了众多儿童活动、运动休闲等设施。这些充满自然元素和趣味表达的互动设施，拓展了博览园的"可玩性"，通过现代极简的设计风格，探索了博览园公共空间的创新表达与互动形式；既满足了会展期间的游客需求，又衔接了"后园博"时期的持续利用，对城市公园绿地建设起到了引领作用。

创新亮点

乐园中尝试使用再生材料、废弃物、新型膜材料等新型景观材料，不仅丰富了公共景观的触感和质感，同时探索了景观的创新表达形式，体现了博览园绿色低碳的生态理念。土之颜乐园的夯土墙，利用当地土壤为原料，经特殊工艺夯筑而成，给人以野性质朴的景观意向，围绕夯土墙铺设夜光铺跑道，增加夜跑安全性。

公共景观亭顶部通过采用室内常用的彩色胶片玻璃膜营造出室外炫丽彩带效果。彩松广场景观构筑运用彩色PVC 户外灯箱布编织而成，通过多种色彩搭配组成水果纹理，增添趣味性。景观塔采用"双螺旋"钢结构形式，以流动的游线为游客创造流动的风景，成为全园的景观视觉焦点和最佳观景点。

岩之奇
水之灵
雾之迷

土之颜
木之变

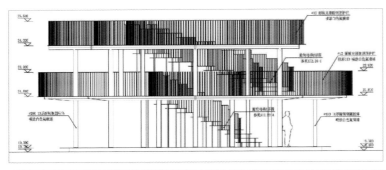

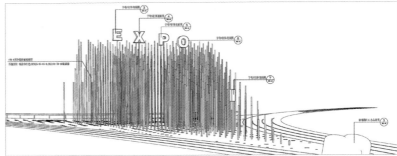

园博图鉴——新时代江苏园博精品

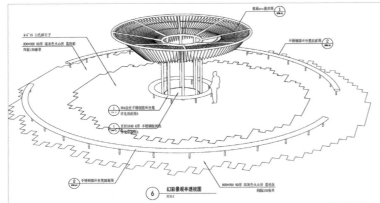

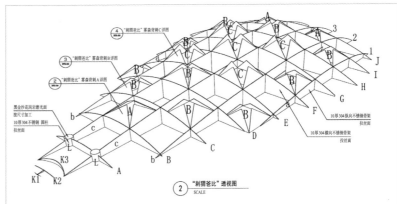

大树学园

大树剪影

景观构筑物小品

飞燕亭

彩松广场

各方声音

童乐园以自然元素为基础，结合充满童趣的互动设施，给孩子们创造乐园；以简约的设计风格和生态环保材料造园，为孩子们树立绿色发展、科学环保的新理念。

——贺风春 | 江苏省设计大师、苏州园林设计院股份有限公司董事长

琼华仙玑

时宜得致，古式何裁

**第十届江苏省（扬州）园艺博览会
园冶园**

项目地点 / Location
扬州市仪征枣林湾

建成时间 / Built Time
2018年

项目规模 / Scale
70000平方米

建设单位 / Construction Institution
扬州园博投资发展有限公司

设计单位 / Design Institution
北京林业大学（孟兆祯工作室）
苏州园林设计院股份有限公司
深圳媚道风景园林与城市规划设计院有限公司

设计人员 / Designer
孟兆祯　贺风春　谢爱华　薛晓飞　沈思娴　曾洪立
刘仰峰　边　谦　朱建敏　王睿隆　郑善义　陈盈玉
余　炻

施工单位 / Constructed by
苏州园林发展股份有限公司

相关奖项 / Awards
2021年中国风景园林学会科学技术奖（规划设计奖）
一等奖
2021年江苏省城乡建设系统优秀勘察设计一等奖
2021年苏州市城乡建设系统优秀勘察设计一等奖

区位图

●园冶园

云梦夕佳实景

QIONG HUA XIAN JI

琼华仙玑

总体概况

琼华仙玑为第十届江苏省（扬州）园博会园冶园，位于核心区云鹭湖中。园冶园以美丽中国建设宏志为立意，运用《园冶》"时宜得致、古式何裁"的持续发展观，打造出一座将中国特色、扬州地方特色和仪征乡情融汇一体的主题展园。园冶园运用传统园林中的经典造园理念，以"巧于因借，精在体宜"的"借景"为核心理法，按照《园冶》六涵设计序列展开设计。以起承转合作为建筑布局的依据，充分运用《园冶》经典造园理论，将园冶园设计成为具体且充满诗情画意的"琼华仙玑"，以兴造该园的实践，展现《园冶》的功在千秋。

园冶园夜景

孟兆祯手绘设计图

设计构思

按照《园冶》六涵设计序列开展设计，以"借景"为核心，以"明旨"为起点，形成环状结构。在相地基础上，以扬州市花——琼花为主题，结合对中国园林特色、扬州风格、仪征乡情 等的研究总结，将主题园命名为"琼花仙玑"，体现了《园冶》"巧于因借"的要义。

空间布局强调山水相互依存、相互映衬的辩证关系。因高筑山，就低凿水，以五米高土丘拥托出高台"琼华停云"，台下引清泉，汇滴水为"线溪瓜池"，确立了山因水活、水得山秀、山北水南的山水构架。人在路上走，犹如画中游，耐人流连，涉园成趣，赏心悦目。

在山水间架基础上，结合观赏点、动线和停留空间的需要，着手建筑布局，因境安景，形成"起、承、转、合"的景观序列，构成完整的布局章法。全园在自然山水中因地制宜，只兴造一亭、一舫、一榭、一阁，但形成了丰富的园林景观体验。

创新亮点

在传统的基础上与时俱进，如"砥柱中流"石峰，鼓励人们在当代美丽中国建设中敢于担当；"云鹭仙航"石舫，以扬帆启新航的感召与扬州传统的不系舟相结合，并在传统船舫增加了可开合乌篷轩，功能上进一步复合化，既可观赏、休息，也可满足服务、观演需求。

临水景观

园内实景

园冶园实景照片

各方声音

扬州园林在国内地位举足轻重，扬州举办园博会是很有气魄的，有利于地方文化特色的充分发掘和弘扬。在扬州建造园冶园有着重要的意义，这既是纪念计成大师在仪征成书之功，也是运用《园冶》倡导的"时宜得致、古式何裁"的持续发展观，兴造一个将中国特色、扬州地方风格和仪征乡情融于一体的园子。园冶园在有限的空间里，把地形、山石、树木、亭子融为一体，这就是《园冶》的精髓，希望园冶园能成为经得住历史考验的作品。

——孟兆祯 | 中国工程院院士、北京林业大学园林学院教授、博士生导师

石林小苑

江南墨艺的小桥流水人家

第九届江苏省（苏州）园艺博览会
假山园

项目地点 / Location
苏州市吴中区临湖镇

建成时间 / Built Time
2016 年

项目规模 / Scale
11390 平方米

建设单位 / Construction Institution
苏州市园林和绿化管理局
苏州市吴中区人民政府
苏州太湖旅游发展集团有限公司

设计单位 / Design Institution
苏州园林设计院股份有限公司

设计人员 / Designer
罗　毅　王　帆　王晓苍　黄　倩　俞　隽
宋晓燕　程　龙　丁　飘　阎　茹　王龙梅

施工单位 / Constructed by
苏州绿世界园林发展有限公司

相关奖项 / Awards
2017 年江苏省优质工程奖"扬子杯"
2017 年苏州市"姑苏杯"优质工程奖
2017 年苏州市城乡建设系统优秀勘察设计三等奖

园博图鉴——新时代江苏园博精品

区位图

实景图

曲尽其妙 | 公共景观

总体概况

石林小苑为第九届江苏省（苏州）园博会假山园，展园以苏州特色的山水园林为主题，以叠山大师韩良顺的山水画为意象，汲取苏州园林中经典的假山案例经验，依地形地势，布置"山脉""水脉"两条相辅相成，一气呵成的文化景观脉络，形成了彰显中华文明底蕴的"龙脉"。假山以太湖石、黄石为主，土石山与石山相结合，采用中央布置法，营造出园山以及池山的假山特征。园内设若干处景观建筑，供游人观景、休憩之用。北侧主园路设置两处主入口。西侧园路设置两处次入口，与徐州园、盐城园游览路线串联起来。整个园林由幽谷探奇、屏山听瀑、石林赏秋、曲涧逐溪、石窦收云、石矶观鱼、云岗霁雪、疏影揽月八大赏景点组成。

假山全景

人视实景图

创新亮点

石林小苑以龙脉为设计理念，龙脉指如龙般妖娇翔，飘忽隐显的地脉。山势就像龙一样变化多端，故以龙称呼。平地也有龙脉，其标志是微地形和水流。山是龙的势，水是龙的血，因而，龙脉离不开山与水。采用《园冶·掇山》的设计手法，构土成岗，不在石形的巧拙；以土载石，要有脉络之可寻；宜台处建台，登高可邀月以共饮；宜榭处构榭，凭栏而能得云水之乐；自然而成径成蹊，信步以寻花问柳；临池驳顽夯之石，为矶为屿有若天成；结岭多挑土堆筑，高低多致意态自然。其独特的内涵，不是复制而是以教科书方式集中展示了传统江南园林中叠山理水的造园手法，再现了《园冶》中掇山选石的高超技艺，展现咫尺之内再造乾坤的园林特色。工艺方面更是根据《园冶》中竖、悬、挑、安等十二大手法叠石掇山，从各方面展示石头的瘦漏生奇、玲珑安巧。

曲尽其妙 —— 公共景观

园博图鉴——新时代江苏园博精品

湖石假山

曲尽其妙 ｜ 公共景观

假山园鸟瞰

POSTSCRIPT
后记

园博图鉴——新时代江苏园博精品

江苏自2000年开始举办省园艺博览会，经过持续的探索与实践，园博会逐渐成为推动城市绿色发展、改善城市人居环境、提升城市功能品质、产生显著综合效应的行业盛会。为系统总结和呈现历届园博会优秀实践成果，江苏省住房和城乡建设厅通过组织地方推荐、专家遴选、实地踏勘等，确定了36项新时代江苏园博精品项目，编撰形成《园博图鉴——新时代江苏园博精品》，梳理了江苏园博的缘起、历程、效应和未来发展，以图文并茂的形式介绍和呈现了36项精品项目，以期为大众了解、关注、读懂园林文化和江苏园博提供一扇"窗口"，也希望能够引领促进未来实践的探索与创新。

本书由江苏省住房和城乡建设厅厅长周岚、党组书记费少云策划并指导，副厅长陈浩东牵头负责，厅园林处负责精品项目的组织推荐、遴选踏勘，以及本书的组织编撰、总体统筹、框架拟定和审校修改；江苏省规划设计集团风景园林与旅游规划设计院抽调精干力量组建工作团队负责历程梳理撰稿，项目整理、汇总、编排和装帧设计。在项目遴选和本书的编撰过程中，得到了中国工程院院士王建国的悉心指导并作序。此外，中国风景园林学会副理事长王翔，国际绿色建筑联盟执行主席刘大威，全国工程勘察设计大师韩冬青，江苏省设计大师张雷、贺风春、陈薇，南京市园林规划设计院有限责任公司名誉董事长李浩年，南京筑内空间设计总设计师陈卫新等对项目遴选和本书的编写给予了建议和支持。各市园林绿化主管部门和参与项目设计、建设、管理的相关单位（团队）提供了相关项目基础素材。中国美术学院绘制了36项精品项目总标志与图标，并创作了江苏园博三十六景人文画卷。书中三十六景景名由陈卫新先生书写。江苏省住房和城乡建设厅组织拍摄了项目照片，另有张振光、邵星宇、杨红波、陈颢、Eiichi Kano、张晓鸣、陆志刚、李牧、侯博文、贾亭立、邱文铜、田壮壮、于春、陶亮、陈飞等提供了部分项目的照片。经过近一年时间，编写组数易其稿、反复打磨，付梓成书，在此对以上单位和个人一并表示感谢。

限于篇幅和时间，本书的总结提炼和项目呈现难免挂一漏万、有所偏颇，敬请批评指正。

园 博 图 鉴

新 时 代 江 苏 园 博 精 品